Kojo Boison mit Florian Höper

Grenzenlos

Kojo Boison

grenzenlos

Lebe dein Leben,
wie du es willst

mit Florian Höper

 GOLDEGG VERLAG

ISBN: 978-3-99060-277-5

© 2022 Goldegg Verlag GmbH
Unter den Linden 21 • D-10117 Berlin
Telefon: +49 800 505 43 76-0

Goldegg Verlag GmbH, Österreich
Mommsengasse 4/2 • A-1040 Wien
Telefon: +43 1 505 43 76-0

E-Mail: office@goldegg-verlag.com
www.goldegg-verlag.com

Layout, Satz und Herstellung: Goldegg Verlag GmbH, Wien
Printed in the EU

Inhaltsverzeichnis

Vorwort

Grenzenlos – die Grundlage unseres Lebens, die uns verloren ging. Irgendwo in der Geschichte der Menschheit, vermutlich vor nicht sehr langer Zeit, haben wir Menschen angefangen, uns zu begrenzen.

Vor vielen Generationen waren unsere Vorfahren Jäger und Sammler. Dann begannen sie, sich einzugrenzen – zunächst erfanden sie die Landwirtschaft und anstatt die ganze Welt als ihren Lebensraum zu betrachten, steckten sie ein kleines Stück Land ab und behaupteten, dies sei nun ihres. Ebenso kamen gedankliche Grenzen hinzu. Anstatt sich die Weisheit und das Wissen sämtlicher früherer Generationen und Zivilisationen zunutze zu machen, engten sich die Menschen auf eine Ideologie ein – es gab auf einmal nur noch einen einzigen Gott, eine einzige Religion, einen einzigen Glauben. Ebenso wurden Staatsgrenzen, Landesgrenzen und andere Abgrenzungen erfunden, die in der Realität nicht existieren, sondern nur in den Köpfen der Menschen. Mit der Zeit haben wir immer neue Grenzen gezogen, bis wir alle gleich waren: Plötzlich arbeiten alle in den gleich aussehenden Fabriken und Großraumbüros, tragen alle die gleichen Nike-Schuhe, schauen alle die gleichen Unterhaltungssendungen auf Netflix, kaufen alle im gleichen Online-Portal ein, trinken weltweit den gleichen überteuerten Kaffee und essen in den gleichen Restaurants. Überall Grenzen, alles gleichgeschaltet, nirgendwo individuelle Entfaltung und Erfahrung. Doch es wird noch schlechter: Seit ziemlich genau fünfzehn Jahren haben wir eine schlimmere Eingrenzung als jemals zuvor. Während unsere Vorfahren ihr Leben zumindest noch auf einige Hektar Land begrenzt haben, begrenzen wir unser Leben heutzutage auf wenige Zentimeter Bildschirm. Virtual Reality und Metaverse werden viele Menschen vermutlich dazu bewegen, sich überhaupt nicht mehr zu bewegen.

Was hat all das mit Leben zu tun?

Wir Menschen sind, wie jedes andere Tier auch, dafür gemacht, uns zu bewegen, uns zu entfalten, unsere Komfortzone zu verlassen und frei zu sein. Doch stattdessen sperren wir uns freiwillig ein, im Gefängnis unserer digitalen Geräte. Nicht nur physisch sind wir dabei völlig unbeweglich geworden, auch gedanklich kommen die meisten Menschen nicht mehr aus den engen Grenzen ihrer abgesteckten Online-Sphäre heraus. *Bubble* wird das Ganze auf Neudeutsch genannt.

All das führt zu Leid. Körperlich sind wir ungesünder, unbeweglicher und übergewichtiger als jemals zuvor in der Menschheitsgeschichte. Psychisch und seelisch sind wir ebenfalls labiler als sämtliche unserer Vorfahren: Auch psychische Probleme, Depressionen, Medikamentenmissbrauch und Suizide nehmen kontinuierlich zu. Gesellschaftlich kommt es zu immer mehr Spaltung, Ungleichheit und Spannungen. Und spirituell sind die meisten von uns völlig verloren. Doch woran liegt all das?

Es gibt viele Erklärungen dafür und die detaillierten Auswertungen überlasse ich den Experten für die jeweiligen Bereiche. Doch es gibt eine große Entwicklung, die alles überlagert: unsere selbst gewählte Eingrenzung in unserer Komfortzone. Denn sie ist der Grund dafür, dass wir immer mehr Grenzen schaffen. Wir wollen das Unbequeme hinter uns lassen und ein bequemes Leben ohne Hunger, ohne Not und mittlerweile gar ohne Herausforderung führen. Das alles ist nachvollziehbar und ich bin sehr froh darum, dass unsere Vorfahren die Landwirtschaft, den Hausbau und die Kleidung erfunden haben: Alles *Eingrenzungen*, die uns

Menschen aber Sorgen genommen und uns überlebensfähiger gemacht haben. Doch die Entwicklung hin zu Komfort und der damit verbundenen Selbst-Eingrenzung ging immer weiter: spirituell, geistig, beruflich, gesellschaftlich, zwischenmenschlich. So haben wir zwar immer mehr Annehmlichkeiten, dafür aber weniger Leben. Doch Leben, Glück und Erfüllung finden wir nicht im Komfort, sondern im Diskomfort. Wir leben, wachsen, lieben und gedeihen, wenn wir unsere Grenzen überwinden: sei es auf Reisen, im Beruf, beim Sport oder in der Liebe. Warum macht Reisen uns glücklich? Weil wir unsere bekannten und eingefahrenen Routinen und Grenzen verlassen. Wer wird beruflich erfolgreich? Nur wer seine eigenen Grenzen überwindet, Neues lernt und Neues erschafft. Wie werden wir fit und gesund? Nur, indem wir uns von der Couch bewegen, um zu laufen, Gewichte zu heben und ins Schwitzen zu kommen. Gleiches gilt auch für die Liebe: Nur wer die Komfortzone verlässt und den Traumpartner oder die Traumpartnerin anspricht, findet die große Liebe.

Egal welchen Lebensbereich wir betrachten: Wenn wir unsere Grenzen überwinden, unsere Komfortzone verlassen und Unbekanntes wagen, sind wir glücklich und erfüllt. Wenn wir uns hingegen immer mehr einschränken und uns hinter Mauern verstecken – seien sie real oder digital – dann werden wir ungesund, unglücklich und finden nichts von dem, was wir im Leben eigentlich suchen: Gesundheit, Liebe, Erfüllung und Glück.

Nun können wir alle uns bewusst für ein trostloses Leben entscheiden, das ist okay. Es ist schließlich deine Entscheidung, was du von deinem Leben erwartest. Doch wenn du alles haben willst, was du dir schon immer gewünscht hast, dann führt kein Weg drum herum, *grenzenlos* zu werden!

Erschaffe dir dein Leben, wie du es dir wünschst!

Erschaffe dir das Leben, das du dir wünschst

Es klopft an der Tür. »Guten Tag, Kriminalpolizei Freiburg, wir wollten nachfragen, ob Sie inzwischen den Teppich ausgetauscht haben.« Ich bin froh, dass mein Bruder mir erst Jahre später erzählte, was in der Wohnung geschah, in der ich mein erstes Puzzle löste, mich morgens auf die Power Rangers im TV freute und aus meinem Batman-Glas Orangensaft trank. Wir hatten zuvor in Berlin gelebt und waren gerade frisch nach Freiburg gezogen. Es hatte einen Grund, warum wir so eine große Wohnung so einfach bekommen hatten. Ich muss 26 Jahre gewesen sein, als mein Bruder mir schließlich erzählte, warum die Polizei vor der Tür gestanden hatte, um sich nach einem ominösen Teppich zu erkundigen. Es stellte sich heraus, dass die alte Frau, die vor uns in dieser Wohnung gewohnt hatte, auf dem Teppich ermordet und anschließend angezündet worden war. Obwohl ich extrem überrascht auf die Information reagierte, anscheinend in einer Mordwohnung gewohnt zu haben, war ich umso weniger überrascht, dass so etwas in meinem Viertel geschehen war. Damals war alles anders, als es heute ist. Ein Viertel voller Armut, Vorurteilen, Ausgrenzung und Feindseligkeit. Das genaue Gegenteil von dem, wonach ich strebte, lange bevor ich wusste, dass es dafür ein Wort gab. *Grenzenlosigkeit.*

Ich saß auf der Terrasse eines Hotels in Singapur und überblickte das Meer. Was für ein Kontrast. Zu Hause Armut, Ghetto und Rassismus und hier war ich plötzlich umgeben von Luxus und Menschen, die keinerlei Sorgen zu haben schienen. Ich war sechzehn Jahre alt und am nächsten Tag, einen Langstreckenflug später, würde ich wieder in meinem kleinen Kinderzimmer in der Wohnsiedlung in Freiburg sein. Doch für den Rest dieses Abends durfte ich mich zum ersten Mal *grenzenlos* fühlen. Getragen von der endlosen Weite des Meeres, über das ich hinweg schaute. An diesem Abend fällte ich den Entschluss, dass ich mehr von diesem Gefühl wollte. Ich erkannte, dass das Leben mehr zu bieten hatte, als mir bis dahin von meiner Umgebung präsentiert wurde. Wachstum, Entwicklung, Entfaltung, wie auch immer du es nennen magst, ich erkannte, dass diese Zustände mich aus meiner Umgebung befreien würden und mir ein besseres Leben bescheren konnten. Also fing ich an, danach zu streben. Ich wollte meine alten Begrenzungen überwinden und ein grenzenloses Leben führen. Mein Ziel war es, mehr zu erreichen als das, was mir durch meine Umgebung gewissermaßen vorbestimmt war: Chancenlosigkeit, Überlebenskampf, Armut.

Doch was bedeutet Grenzenlosigkeit überhaupt? Bei dieser Frage muss ich immer an die Geschichte der zwei indischen Zwillingsbrüder Charu und Desna denken. Die beiden Jungs wurden in ärmliche Verhältnisse geboren. Die Familie lebte in einer kleinen gemieteten Hütte und ihr einziger Besitz bestand aus zwei Kühen. Neben der Hütte befanden sich ein kleines Beet und eine Wiese, auf der die Kühe grasen konnten – sofern es nicht schon wieder eine Dürre gab, die das ohnehin dürftige Leben in einen Kampf ums Überleben ausarten ließ.

Die Mutter arbeitete als Näherin und der Vater war Rikscha-Fahrer in der nahe gelegenen Kleinstadt. Für die Eltern war das Leben nicht immer leicht, aber Charu und Desna bekamen von den Sorgen der Eltern nicht viel mit und verbrachten eine unbeschwerte Kindheit. Schließlich hatten sie einander. Sie bauten aus alten Plastiktüten Drachen, die sie aufsteigen ließen. Aus alten Lumpen bastelten sie Bälle, mit denen sie spielten, sie planschten bei Regen in den Pfützen und wenn die Sonne im Sommer zu heiß war, spielten sie in der Hütte mit einem Kartenspiel, das der Vater einmal von einem Fahrgast geschenkt bekommen hatte. Die Eltern liebten ihre beiden Jungs über alles und gaben sich große Mühe, den beiden eine schöne Kindheit zu ermöglichen. Wenn die Eltern mal einen freien Tag hatten, unternahmen sie gemeinsame Wanderungen oder Ausflüge mit der Rikscha des Vaters. Die Eltern schenkten Charu und Desna sehr viel Liebe und Zuneigung.

Eines Tages jedoch wurde ihr unbekümmertes Leben auf den Kopf gestellt. Ihr Vater kam drei Tage lang nicht nach Hause – so etwas war vorher noch nie passiert. Am vierten Tag erlangte die beiden Brüder die Schreckensnachricht, dass der Vater bei einem Verkehrsunfall verunglückt war. Seine Rikscha war von einem Lastwagen erfasst worden. Charu und Desna waren völlig am Boden zerstört. Ihr großes Idol, ihr Beschützer, ihr geliebter Vater war auf einmal nicht mehr da. Nicht nur sie waren verzweifelt, auch die Mutter wusste nicht, wie es weitergehen sollte. Plötzlich mussten die beiden Jungs – sie waren gerade einmal zwölf Jahre alt – von der Schule gehen, denn das Schulgeld konnte sich die Mutter alleine nicht leisten. Stattdessen waren sie nun gezwungen, ihre Mutter beim Erwerb des Lebensunterhalts zu unterstützen und ernteten auf einer Mango-Plantage tagein, tagaus Früchte. Beide waren nicht glücklich mit der Situation, die Arbeit war mühselig und die pralle Sonne, der sie den ganzen Tag ausgesetzt waren, war zermürbend. Auch die Trauer um den geliebten Vater lag ihnen weiterhin schwer auf der Seele. Trotzdem waren sie überaus stolz, die Mutter beim Erwerb des Lebensunterhalts unterstützen zu können.

Alles änderte sich jedoch an einem Tag im Spätsommer, als auch die Mutter nicht nach Hause kam. Eine Nachbarin stand spät abends unter Tränen vor der Hütte und berichtete, ihre Mutter habe einen tödlichen Schlaganfall erlitten. Auf einen Schlag waren Charu und Desna Waisen. Alles, was sie nun hatten, waren zwei Kühe, denn außer der Kleidung an ihrem Körper besaßen sie sonst nichts. Die Hütte mussten sie aufgeben, denn ihr kleiner Lohn von der Arbeit auf der Plantage reichte nicht, um die Miete zu bezahlen. So brachen beide auf, um ein besseres Leben zu suchen. Charu ging Richtung Westen, dort, so hatte ihm ein Nachbar gesagt, würde er zu einer Fabrik kommen, in der es tolle Jobs gäbe. Desna hingegen hatte von vielversprechender Arbeit im Süden gehört. Schweren Herzens mussten sie sich voneinander verabschieden und darauf hoffen, dass sie sich bald wiedersehen würden. Doch sie wussten, dass es schwer genug war, einen einzelnen Job zu finden – zwei Jobs am selben Ort erschien ihnen unmöglich. So trennten sich die Wege der Zwillinge und mit einem Job nach dem anderen kämpften sie sich durchs Leben.

Desna pflegte seinen einzigen Besitz, die Kuh, molk sie und sah die Chance, die ihm von seinen Eltern mit diesem Tier gegeben wurde. Die Milch der Kuh sicherte sein Überleben auch an Tagen, an denen er mal nicht ausreichend Arbeit finden konnte. Anderen Waisen wurde gar nichts hinterlassen – er hatte gleich das höchststehende aller Tiere bekommen, das wertvollste, das es unter der Sonne gab: das heilige Tier, eine Kuh! Er war von Dankbarkeit erfüllt. Von Job zu Job kam er durch die Tage, und mit der Zeit betrachtete er alles wie die zahlreichen Spiele, die er damals mit Charu gespielt hatte. Denn er erkannte, dass man auch im Leben nicht immer gewinnen konnte. Mal hatte er gut bezahlte Arbeit, dann wieder nicht. Wenn man aber am Ball blieb und ehrgeizig war, wurde man immer besser. In jedem Job gab es, genauso wie beim Ballspielen, Drachensteigen oder Kartenspiel, immer neue Techniken und Herangehensweisen zu lernen. Aus jedem Rückschlag galt es, Erkenntnisse zu gewinnen. Jeder Job lieferte zudem Fähigkeiten und Einsichten, die wiederum bei anderen Jobs hilfreich waren. So bekam er stetig bessere Arbeit und steigerte mit jedem neuen Job sein Einkommen. Die Aufgaben, die ihm Arbeitgeber anvertrauten, wurden immer interessanter und er lernte stetig Neues hinzu.

Für die Kuh sorgte er gut und sie dankte ihm seine Zuneigung und Pflege mit viel Milch. Mit dem Ersparten, das er sich Monat für Monat beiseitegelegt hatte, konnte Desna nach nur fünf Jahren eine zweite Kuh erwerben. Die Milch verkaufte er und so kam aus den Erlösen bereits nach einem weiteren Jahr eine dritte Kuh hinzu. Auch eine kleine Weidefläche konnte er sich nun leisten – so mussten seine Kühe nicht mehr auf Wildflächen grasen. Aus drei Kühen wurden irgendwann sechs. Aus sechs Kühen wurden zwölf. Aus dem Schlafen unter freiem Himmel wurde eine Hütte, aus der Hütte ein Haus. Irgendwann brachte es Desna zu einer Villa, besaß hunderte Kühe, eigenes Land, so weit das Auge reichte, und hatte eine wundervolle Frau an seiner Seite, die ihm vier Kinder gebar. Anstatt nach Arbeit suchen zu müssen, konnte er anderen nun Arbeit in seiner eigenen Molkerei anbieten. In ewiger Dankbarkeit an seine Eltern, seine erste Kuh und die unbeschwerte Kindheit mit seinem Bruder führte er sich täglich vor Augen, dass er es vom obdachlosen Waisenkind zu einem wohlhabenden und sorgenfreien Leben geschafft hatte – in nur zwei Jahrzehnten.

Bei Charu lief es anders. Trauernd wie sein Bruder war er damals davongezogen. Anders als Desna sah er jedoch nicht die Chancen, die sich ihm auftaten. Er wetterte gegen Gott, das Leben und die Ungerechtigkeit, die ihm widerfahren war. In keinem Job hielt er es lange aus, immer wieder wurde er gefeuert, da er lustlos und unmotiviert wirkte. Seine Kuh zog mit ihm durchs Land, graste auf den wilden

Flächen, an denen sie vorbeizogen und war seine treue Begleiterin. Sie gab ihm stetig und wohlwollend ihre Milch. Anstatt dies jedoch als Geschenk zu betrachten und als Sprungbrett zu einem besseren Leben zu nutzen, wie es sein Bruder getan hatte, sah er in der Kuh vielmehr eine tägliche Erinnerung an die Verluste, die er hatte ertragen müssen. An die Ungerechtigkeit, die ihm widerfahren war. An die Hoffnungslosigkeit seiner Situation. *Wie*, dachte er sich immer wieder, *könnte ein obdachloser Waise, der die Schmerzen der Trauer in sich trägt, es in dieser kalten und ungerechten Welt jemals zu etwas bringen?* Schließlich wurde ihm nichts in die Wiege gelegt. Er hatte keine ausreichende Schulbildung, kein Erbe außer der Kuh, nicht mal ein Dach über dem Kopf. Es war offensichtlich, dass sein Leben zum Scheitern verurteilt war.

Eines Tages, als er wieder einmal seinen Job verloren hatte, als er wieder einmal kein Geld für eine Wohnung hatte und hungrig nach einem Unterschlupf zum Übernachten suchte, war ihm plötzlich alles egal, der letzte Funke Hoffnung war erloschen. Selbst das Heilige war ihm nicht mehr heilig. Schließlich hatte das Universum, das Leben, ein Gott, den es offensichtlich nicht gab, und sein Schicksal ihn stets im Stich gelassen. Alles war hoffnungslos. Er merkte, wie die Wut, die Verbitterung und der Frust über seine Situation in ihm hochstiegen. Er merkte, wie die noch immer unverarbeitete Trauer über den Verlust seiner Eltern ihn von innen auffraß, ihn zerriss, sein Herz zum Bluten brachte. Diesmal ließ er alles hochkochen, er unterdrückte es nicht, wie er es sonst getan hatte, und eine Sicherung brannte in ihm durch. Er nahm sein Messer aus der Hosentasche – sein einziger Besitz neben seinem Metallbecher und der Kuh – und ging auf sie los. Es war kein sauberes Schlachten, nicht so, wie er es an Schafen und Hühnern gelernt hatte, als er einmal für kurze Zeit in einer Schlachterei gearbeitet hatte. Es war ein Gemetzel. Er ließ seine aufgestaute Wut raus, während seine

Kuh flehend und leidend muhte. Nichts war ihm mehr heilig, nicht einmal die heilige Kuh, sein einziges Hab und Gut, das einzige Erbe seiner geliebten Eltern. Ausgerechnet die treue Kuh, die ihn mit ihrer Milch am Leben gehalten hatte. Nach seinem Wutanfall trank er das wertvolle Blut, portionierte das Fleisch und trocknete es. So konnte er zumindest seinen Hunger stillen. Sechs ganze Monate lang reichte das Fleisch und er hatte sechs Monate lang keine Sorgen. Er musste nicht arbeiten, war satt und zufrieden. Doch dann war das Geld ausgegeben und die einzige Möglichkeit, die er nun noch für sich sah, war, in die Stadt zu gehen und zu betteln. Schließlich wollte ihn kein Arbeitgeber länger als ein paar Wochen beschäftigen – immer wieder wurde ihm gesagt, er sei nicht motiviert genug. Doch wie sollte jemand in seiner Situation motiviert sein? Seine Familie und Gott hatten ihn im Stich gelassen und seine Kuh war nun auch weg – die Welt war voller Ungerechtigkeit. Alles war gegen ihn – was blieb einem obdachlosen Waisen also, außer zum armen Bettler zu werden? Das einzige Schicksal, das ihm nun blieb, so dachte er, ist der Hungerstod. Denn wer würde schon einem armen, hilflosen Bettler ein Almosen geben? Die Welt ist schließlich unfair, gemein und alles ist und war immer gegen ihn.

Während Desna in allem eine Chance, ein Geschenk, eine Möglichkeit zu lernen und zu wachsen wahrnahm, sah Charu überall Mangel, Ungerechtigkeit und ein ausweglose Schicksal.

Ich kann beide verstehen. Ich kann den Weg beider Jungs nachvollziehen. Vielleicht kannst du das auch?

Auch ich stand vor diesem Scheideweg. Mehrfach. Auch ich habe viel Schmerz erlebt. Eine Kindheit in Armut, rassistische Übergriffe meiner Mitmenschen, Ungerechtigkeit und das Gefühl von Chancenlosigkeit. Auch ich habe sehr früh emotionale Verluste hinnehmen müssen. Für welche Richtung entscheide ich mich? Für den Weg von Desna oder für den Weg von Charu? Sehe ich trotz des Schmerzes, des Verlustes, der gefühlten Ungerechtigkeit eine Chance in meiner Situation oder sehe ich die Ausweglosigkeit und gebe mich einer Abwärtsspirale hin? Diese Frage stellte sich mir nicht nur einmal.

Womöglich bist du selbst vor solchen Entscheidungen gestanden. Vielleicht waren es bei dir andere Situationen, vielleicht waren deine Schicksalsschläge und Umstände vermeintlich weniger traumatisch, vielleicht waren sie auch vermeintlich schlimmer. Ich weiß es nicht und es spielt keine Rolle. Denn es zählt für uns alle in jedem Moment unseres Lebens nur eines:

Entscheiden wir uns für Wachstum oder für Verfall?

Es gibt im Universum nur diese zwei Zustände. In der Physik nennt man sie Ausdehnung und Kontraktion, in der Biologie Wachstum und Fäule, umgangssprachlich reden wir von Entwicklung oder Stillstand. Wer stehenbleibt oder rückwärts geht, ist dem traurigen Schicksal eines sich zunehmend weiter ausdehnenden Mangels ausgesetzt, wer nach vorne geht, wird Grenzenlosigkeit erfahren. Alles in unserem Leben ist *grenzenlos*, dies ist ein Fakt, denn das Universum dehnt sich immer weiter aus. Wir sind Teil des Universums, genauso wie alles, was uns umgibt. Wir müssen uns nur dafür entscheiden, diese Perspektive einzunehmen.

Doch stattdessen konzentrieren wir uns meist lieber auf den Mangel. Wir sind frustriert bei der Partnersuche, obgleich es Milliarden von Singles auf der Welt gibt. Wir sind frustriert über »zu wenig Geld«, obgleich es mehr Geld in der Welt gibt, als der menschliche Verstand erfassen kann. Wir ärgern uns über schlechtes Wetter, obwohl Sonne und Strand nur wenige Zug- oder Flugstunden entfernt sind. Ja, wir sind sogar der Meinung, nicht genug Schuhe zu besitzen, obgleich wir Deutschen im Durchschnitt fünfzehn Paare im Schrank haben.

Warum gehen wir nicht einfach los und lernen die anderen Singles kennen? Warum sorgen wir nicht einfach dafür, dass wir uns und unsere Fähigkeiten entwickeln, um ein höheres Einkommen zu erzielen? Warum packen wir nicht einfach unseren Laptop und das Smartphone im Homeoffice zusammen und entfliehen dem miesen Wetter, um am Strand unter Palmen weiterzuarbeiten? Warum suchen wir nicht nach echter Erfüllung im Leben, anstatt ständig eine innere Leere mit neuen Schuhen, Handtaschen oder anderen Gegenständen füllen zu wollen? Die Fülle ist überall, wir müssten sie nur annehmen, doch wir sehen lieber die Leere und jammern darüber.

Zudem werden uns von außen ständig Bilder von Krisen, Krieg, Krankheiten und Zerstörung gezeigt. Sei es im Fernsehen, auf Social Media oder auf den Titelseiten der Zeitungen. Mit diesen Perspektiven von Mangel und Zerstörung ist Grenzenlosigkeit nicht möglich.

Doch was soll *Grenzenlosigkeit* überhaupt konkret bedeuten, fragst du dich? Sehr gute Frage!

Grenzenlosigkeit ist das Gegenteil von Mangel – es ist die grenzenlose Ausdehnung unseres grenzenlosen Potenzials. So wie Desna aus einer vermeintlich ausweglosen Situation ein Leben nach seinen Vorstellungen und Träumen erschaffen hat. Ein Leben voller Reichtum, Liebe und Fülle in allem, was ihm wichtig war. So kannst du dieses Leben der grenzenlosen Entfaltung ebenfalls erschaffen. Egal wo du jetzt bist. Woher weiß ich das so genau? Weil ich es selbst mit meinem Leben so gemacht habe. Von außen betrachtet war mein Leben zum Scheitern verurteilt. Meine Lehrer haben das so gesehen, ja, mein ganzes Umfeld hat nie an mich geglaubt. »Kojo wird niemals Abitur machen«, haben die Lehrer damals gesagt, als ich in der achten Klasse von der Realschule aufs Gymnasium versetzt wurde. Ich hatte auch später im Leben keine Chancen, die ich mir nicht selbst erarbeitet habe, ich hatte keine einflussreichen Verbindungen und ich hatte auch kein Erbe – nicht mal eine Kuh. Trotzdem bin ich zweifacher deutscher Meister geworden. Habe ein Geschäft mit Millionenumsätzen geführt. Bin bei null gestartet und mir über eine Million Follower auf Social Media aufgebaut, ein erfolgreiches Coaching-Geschäft erschaffen und ich lebe inzwischen in jeglicher Hinsicht ein Leben nach meinen eigenen Vorstellungen. Und das, obwohl ich noch nicht einmal dreißig Jahre alt bin.

Wenn ich als der mittellose Junge aus dem Ghetto das also kann, dann kannst du das auch! Egal wo du herkommst. Egal wie viele Chancen dir gegeben wurden oder nicht. Egal wie alt oder jung du bist, welches Geschlecht oder welche Herkunft du hast. Solange du ein menschliches Wesen bist und dein Herz noch schlägt, kannst du ein Leben nach deinen Wünschen und Vorstellungen erschaffen. Mit Freude und Leichtigkeit. In diesem Buch zeige ich dir, wie das geht.

Nachdem du dieses Buch gelesen hast, wirst du wissen, was du wirklich möchtest. Und du wirst sehen, dass du es auch tatsächlich haben kannst. Du wirst mit absoluter Sicherheit überrascht sein von deinen Erkenntnissen über dich und dein bisheriges Leben. Du wirst Grenzen erkennen, die du dir bisher gesetzt hast, und wirst erkennen, dass diese Grenzen in Wahrheit nicht existieren. Dein Leben ist nur so weit begrenzt, wie du es möchtest. Du wirst nach dem Lesen dieses Buches die Möglichkeit haben, anderen ein Vorbild zu sein. Du wirst andere inspirieren. Du wirst von deinem Umfeld als sehr mutig, bewundernswert und frei wahrgenommen werden. Du wirst schädliche Systeme, Konditionierungen und Dynamiken in deinem eigenen Leben erkennen, sie durchbrechen und dadurch Veränderungen vollzie-

hen, die du vorher für unmöglich gehalten hättest. Du wirst in der Lage sein, Stück für Stück die Barrieren, die dich zurückgehalten haben, aufzulösen, nur um festzustellen: Alles was du dir wünschst, geht mit Freude und Leichtigkeit.

Der größte und einzige Endgegner, der dich aufhält, bist einzig und allein du selbst.

Bist du bereit für den Schritt in die Grenzenlosigkeit?

Bevor wir direkt loslegen, habe ich nur einen Wunsch an dich: Setze die Dinge auch um! Wie viele Menschen gibt es, die ein Buch nach dem anderen kaufen, einige davon lesen und nie etwas daraus umsetzen? Die Bücher verstauben im Regal und das Leben der Leserinnen und Leser verläuft in der Bedeutungslosigkeit. Willst du das wirklich?

Stelle dir folgende Fragen: Warum hast du dieses Buch in die Hand genommen? Was hat dich inspiriert? War es der Titel? Der Untertitel? Eine Bauchgefühl? Deine Intuition?

Vertraue darauf, dass du auf dem richtigen Weg bist, und sabotiere dich an dieser Stelle nicht schon wieder selbst, so wie du es schon so häufig in deinem Leben getan hast. Wir alle haben das. Der einzige Weg, damit aufzuhören, ist, das Muster zu durchbrechen. Warum nicht jetzt? Bedenke: Andere bezahlen zehntausend Euro für einen Coach oder ein Seminar. Du hast nur wenige Euro in dieses Buch investiert oder es gar geschenkt bekommen und erhältst den gleichen Wert wie andere für zehntausend Euro oder mehr. Die einzige Frage ist nun:

Bist du es dir wert, dieses Wissen auch umzusetzen und diesen Wert für dich auszuschöpfen?

Jetzt oder nie! Dein grenzenloses Leben liegt wortwörtlich in deiner Hand. Ergreifst du diese Chance oder lässt du sie fallen? Es ist dein Leben. Nur du kannst diese Entscheidung treffen. Triff sie bewusst! Wenn deine Antwort *NEIN* lautet, schenke dieses Buch bitte jemandem, der sich und sein Leben wirklich zu schätzen weiß.

grenzenlos!

Wenn deine Antwort eine klares JA ist, dann lass sie verdammt nochmal nicht wieder los!

Einsamkeit überwinden

Es war der 01.01. nachts, als der Anruf kam ...

Bis dahin war es ein echt schöner erster Tag des neuen Jahres gewesen. Der erste Tag seit Monaten, an dem ich so richtig durchatmen konnte. Endlich war ich mal wieder in der Heimat, hatte eine tolle Frau auf ein Date getroffen und während ich bei ihr auf der Couch saß, ließ ich das vergangene Jahr an meinem inneren Auge vorbeiziehen. Ich war froh, dass das Jahr endlich vorbei war. Im Verlauf des vergangenen Jahres war ich in eine neue Stadt gezogen, hatte tagein, tagaus YouTube gemacht und war die meiste Zeit einfach nur unglücklich gewesen. Ich war gefangen in einem goldenen Käfig. Ich hatte keinerlei Gleichgesinnten um mich herum, die ein ähnliches Leben wie ich führten und es nachvollziehen konnten. All das, obwohl ich inzwischen der Armut entflohen war und nun zum ersten Mal eine Luxuswohnung in bester Lage bewohnte. Auch auf YouTube lief es wie erträumt – inzwischen hatte ich hunderttausende Abonnentinnen und Abonnenten, die täglich meine Videos schauten. Jede Woche kamen viele Millionen Views auf meinem Kanal zusammen. Meine »Einschaltquote« war höher als die der meisten Sendungen im Fernsehen. Im Äußeren hatte ich also inzwischen fast alles erreicht, was ich mir erträumt hatte – aber innerlich war ich leer, ich fühlte mich einfach nur einsam. In der neuen Stadt kannte ich niemanden, YouTube war mehr zur Arbeit geworden, als es noch Vergnügen war, und mit meiner neuen Rolle als »YouTube-Star« konnte

23

ich mich auch nicht so recht anfreunden. Es war mir nie in den Sinn gekommen, dass Millionen Klicks bedeuten, dass Leute einen im Supermarkt und im Restaurant ansprechen und überall Selfies machen und Autogramme haben wollen.

Irgendwie war alles ein wenig aus dem Ruder gelaufen, dachte ich. Ich würde im neuen Jahr so einiges verändern, dachte ich. Das neue Jahr kann nur besser werden, dachte ich.

Dann klingelte mein Handy. Es war 23:11 Uhr. Die Nummer meiner Mutter auf dem Display. Ich erinnere mich bis heute an jedes Detail.

Als ich abhob, hörte ich die Stimme meines Vaters. Das war merkwürdig. Hatte nicht meine Mutter angerufen? Na ja, ich war schon müde, dachte ich. Aber irgendetwas war komisch. Seine Stimme klang gedrungen, die Worte kamen nur mühselig aus ihm heraus: »Mama hat es nicht geschafft.«

Ich war wie versteinert. »*Was* nicht geschafft?«, fragte ich. Er musste nicht antworten. Seine Stimme hatte alles verraten. Die Welt um mich herum brach zusammen. Die Wände bröckelten, der Boden sackte unter mir weg. Ich verlor Sinn und Verstand. Alles stand still. War dies die Realität? Oder träumte ich? Es konnte nicht die Realität sein, dachte ich. Mit aller Gewalt versuchte ich aus diesem Alptraum aufzuwachen.

Es war wie in einem dieser Alpträume,
wo man rennt, aber nicht vorankommt.

Spätestens, als ich das schockierte Gesicht der Frau sah, auf deren Couch ich saß, wusste ich, dass es kein Alptraum war. Sie wusste nicht, wer angerufen hatte, sie hatte kein Wort gehört. Dennoch sah sie an meiner Reaktion, dass etwas Schlimmes passiert sein musste. Plötzlich hatte sich die ganze Realität, in der ich mich befand, verändert und ich realisierte erst aufgrund ihrer Reaktion, dass der Anruf real war.

Aber wie konnte das sein? Mama ging es doch gut? Sie war gesund. Und noch so jung! Wie konnte ihr Tod real sein? Ja, ich wusste, dass Mama ins Krankenhaus gegangen war. Es wäre nichts Schlimmes, hatte sie ausrichten lassen und nach ein paar Tagen wäre sie wieder zu Hause. Und jetzt sollte sie plötzlich tot sein? *Tot?*

Eben hatte ich mich noch einsam gefühlt. Jetzt war ich verlassen. Eben dachte ich noch, es könnte nicht schlimmer werden, dann passiert das Schlimmste, was einem passieren kann. Warum muss ein Mensch so früh seine Mama verlieren? Ich war 22. Keine Zeit zum Nachdenken, ich wusste, dass es an mir war, die schlimme Nachricht meinen zwei Geschwistern zu überbringen. Schnell packte ich meine Sachen zusammen und ging zum Bus. Was für ein beschissener Start ins neue Jahr.

Auf dem Weg zu meinem Bruder fühlte ich kaum etwas. Die Trauer ließ ich noch nicht an mich heran. Ich war immer noch nicht wieder in dieser Realität angekommen. Schockstarre nennt man das vermutlich. Ich fühlte mich einfach nur leer, fast leblos, und dachte an nichts. Das Einzige, was mir durch den Kopf ging, war, dass ich nicht auch noch derjenige sein wollte, der diese Horrornachricht meinem Bruder und meiner Schwester übermitteln musste. Die Nachricht an sich war schlimm genug, aber zudem der Bote dieser Nachricht sein zu müssen? Das war zu viel. In meiner Einsamkeit, die sich seit dem Schreckensanruf scheinbar in eine Unendlichkeit ausgedehnt hatte, war sie die einzige Person, die mir in diesem Moment helfen konnte: meine Exfreundin. Wir waren drei Jahre zusammen gewesen und hatten uns erst wenige Monate vor diesem Schicksalsschlag getrennt. Auch wenn die Beziehung vorbei war, gab es niemanden, dem ich mehr vertraute als ihr. Insgeheim hatte ich die leise Hoffnung gehegt, dass aus uns vielleicht sogar doch noch einmal etwas würde. Aber daran dachte ich in diesem Moment nicht. Ich wollte einfach nur jemanden zum Reden, jemanden, der mir zuhörte, jemanden, der mir zur Seite stand und mir vielleicht dabei half, diese furchtbare Nachricht meinen Geschwister zu überbringen. Jemanden, der mir in einer Situation Halt gab, in der es keinen Halt zu geben schien. Jemanden, der mir Hoffnung gab, in einer Situation, die hoffnungslos erschien.

Ich erreichte sie nicht. Wenige Minuten später rief sie zurück, als sie meine Nachricht gesehen hatte. Ein kurzer Funke von Hoffnung nach Trost stieg in mir hoch, als ich ihren Namen auf dem Display sah. Ich war unendlich dankbar, dass es doch noch eine Menschenseele auf dieser Erde gab, der ich etwas bedeutete. Jemanden, dem ich vertrauen konnte. Einen Menschen, der mir Halt geben konnte.

»Oh neeeeeeeeeeiinn ...«

Ein Tritt in die Magenkuhle. Ich sackte zusammen. So fühlte es sich zumindest an. Wenn der Anruf meines Vaters mich k. o. geschlagen hatte, war dies der Tritt in die Bewusstlosigkeit. Es lag weder Mitgefühl noch Empathie in ihrer Stimme. Ich dachte, der Tiefpunkt wäre schon erreicht. In diesem Moment fiel ich noch tiefer. Anscheinend gab es nichts und niemanden auf dieser Welt, der mir in diesem Augenblick Halt und Trost spenden konnte. Von meiner Familie konnte ich dies nicht erwarten, die war genauso traurig wie ich. Freunde schien ich keine zu haben. Mama war tot. Nun fühlte ich mich allein auf dieser Welt. Denn zwischen den Familienmitgliedern gab es zuvor immer wieder Streitigkeiten. Ich war zumeist die Brücke zwischen allen Familienmitgliedern gewesen, um zumindest etwas Halt zu wahren, nur meine Mutter hatte mir diesen Job manchmal abgenommen. In dem Moment, als meine Mutter gestorben war, gab es nun niemanden mehr, der mir diesen Job hätte abnehmen können. Meine eigene Familie fühlte sich daher nicht an wie ein Auffangbecken. Stattdessen fühlte ich mich verpflichtet zu funktionieren – schon immer war ich derjenige gewesen, der sich verpflichtet fühlte, den Familiensegen aufrechtzuerhalten, so auch in diesem Moment.

Der Bus hielt an. *Aussteigen,* dachte ich, *an dieser Haltestelle wohnt mein Bruder.*

> *Ich vergrub meine Einsamkeit, meine Trauer, meine Hilflosigkeit tief in mir, denn ich wusste, dass ich nun stark sein musste.*

Ich musste die schlimmste Nachricht überbringen, die man einem Menschen überbringen kann. Die Nachricht, dass seine Mutter gestorben ist. In dem schlimmsten Moment des eigenen Lebens, dem Moment, in dem die eigene Mutter gestorben war. Und ich würde dies heute zweimal tun müssen – erst für meinen Bruder, dann für meine Schwester.

Was für ein beschissener Start ins neue Jahr.

Eine Woche später war ich zurück in Köln, meiner neuen Heimat. Ich lag auf der Couch in meiner Wohnung und trauerte. Erst jetzt kam ich so langsam zurück in die Realität und realisierte nach und nach, was passiert war. Realisierte, dass mein Leben nicht mehr das gleiche sein würde. Realisierte, dass Mama wirklich tot war. Ich quälte mich hoch. Schließlich musste ich »performen«. YouTube-Videos machen. Scheiß auf die Million Abonnenten, scheiß auf die Anerkennung und den Ruhm. Das alles war mir in dem Moment völlig egal. Alles ist dir egal, wenn deine Mama plötzlich tot ist. Vermutlich ist das in jedem Alter so, aber ich war gerade erst erwachsen geworden. Genau genommen habe ich mich noch gar nicht erwachsen gefühlt. Aber nun musste ich es sein. Ich musste performen, weil die Miete bezahlt werden musste. Weil ich Essen auf dem Tisch haben musste. All das war vorher nie ein Problem gewesen, ich mochte meine Arbeit – von den unzähligen Selfies abgesehen, die ich jedes Mal machen musste, wenn ich raus ging.

Wenn dir gerade ein Loch in dein Herz gerissen wurde, dass sich anfühlt wie ein riesiger Krater, willst du nicht performen müssen.

Ich musste es. Nicht nur für mich, sondern auch für die anderen. Ich kam aus dem Ghetto, Mama hatte keine Rücklagen, Papa erst recht nicht. Ich würde also nicht nur gezwungenermaßen für die Begleichung meiner Miete arbeiten, sondern zusätzlich eine beachtliche Summe für die Beerdigung bezahlen müssen.

So quälte ich mich täglich von der Couch vor die Kamera. War für einige Minuten der fröhliche Entertainer, bevor ich wieder auf der Couch zusammenbrach und weinte. Meine Abonnenten haben nie erfahren, was geschehen war. Freunde hatte ich in Köln noch keine. Meine Geschwister und mein Vater waren genauso am Boden zerstört, wie ich es war, sodass ich sie nicht mit meiner Trauer und meinen Sorgen zusätzlich belasten wollte. Meine herzlose Exfreundin würde ich nie wieder anrufen, dachte ich. Alte Freunde aus der Heimat, denen ich mich anvertrauen wollte, gab es auch nicht. Ich habe niemandem davon erzählt, weil ich das Gefühl hatte, dass es nicht »normal« ist, dass einem die Mutter so früh wegstirbt. Es fühlte sich so an, als hätte ich etwas falsch gemacht, wofür ich mich schämen musste.

Nie habe ich mich so einsam gefühlt.

Im Jahr zuvor hatte ich gedacht, dass es einsamer nicht ginge. In dieser Zeit wurde ich eines Besseren belehrt. Ich wusste nicht, wann diese Trauer vorbeigehen würde, ich wusste auch nicht, wann ich mich wieder danach fühlen würde, unter Menschen zu gehen und neue Freunde kennenzulernen. Aber einen Entschluss habe ich damals gefasst: *Ich werde es nie wieder dazu kommen lassen, dass ich mich so einsam fühle.*

Erst in den Momenten der tiefsten Krisen merken wir, wie wichtig echte Freundschaften sind. Wie wichtig tiefe und vertrauensvolle Beziehungen zu Menschen sind, die uns etwas bedeuten. Wie wichtig es ist, Menschen zu haben, mit denen man reden kann, egal ob in guten oder in schlechten Zeiten. Menschen, die uns unterstützen, und Menschen, die wir unterstützen können.

Wir Menschen sind soziale Wesen und wenn wir niemanden haben, dem wir vertrauen und uns anvertrauen können, dann sind wir verloren. Das habe ich damals gemerkt.

Dies gilt allerdings nicht nur für Krisensituationen, es gilt auch für alles andere im Leben. Niemand erreicht große Ziele ohne andere Menschen, denen er vertraut. Der Sportler braucht den Trainer und die Teamkollegen. Die Unternehmerin braucht die Mitarbeiter, die Geschäftspartnerinnen und die Kundinnen. Der Musiker braucht andere Musiker, Produzentinnen, Techniker, Bühnenbauer, Veranstalterinnen, Manager und viele andere Personen, die ihm direkt oder indirekt helfen. Die Schauspielerin braucht den Regisseur, den Drehbuchautor und Dutzende, teilweise gar Hunderte Mitarbeiterinnen am Filmset, die alle gemeinsam am gleichen Strang ziehen. Der Arbeiter braucht die Unternehmerin, die ihn einstellt, die Kolleginnen, die Hersteller von Werkzeugen, Arbeitsmaterialien und anderen Tools. Jeder Einzelne von uns braucht Ärztinnen, Frisöre, Kleidungshersteller, Anwältinnen, Architekten, Banker, Bauern, Verkäuferinnen und zahlreiche andere Menschen, die jene Produkte und Dienstleistungen erschaffen, die wir in Anspruch nehmen. In jeglicher Hinsicht, egal ob privat oder beruflich, brauchen wir viele Menschen, die uns unterstützen und die wir unterstützen können.

Niemand von uns wird glücklich,
wenn er völlig auf sich allein gestellt ist.

Daher ist das Wichtigste für uns und unser Leben, dass wir Menschen um uns herum haben, denen wir wirklich vertrauen. Die uns Halt in schwierigen Zeiten geben und denen wir das Gleiche zurückgeben können. Menschen, die mit uns lachen, mit uns weinen, mit uns feiern und mit uns arbeiten. Menschen brauchen Menschen. Wenn du ein grenzenloses Leben führen möchtest, ist also das Wichtigste, dass du dir echte Beziehungen aufbaust. Im echten Leben. Nicht auf Social Media und auch nicht über Videochat.

Bedenke, ich hatte Hunderttausende Fans auf YouTube und ich war trotzdem völlig allein, habe mich einsam und verlassen gefühlt. Echte Beziehungen sind das, was uns wahren Halt gibt und unser Leben lebenswert macht.

Kultiviere diese Beziehungen in allen Lebensbereichen – zu Familie, zu Freundinnen, zu Kollegen. Aber auch zu der Dame an der Supermarktkasse, zu dem Herrn, der das Büro reinigt oder dem Kellner in deinem Stammrestaurant. Je mehr Beziehungen du hast, desto lebenswerter wird dein Leben.

Schiebe dies nicht auf. Ruf *jetzt* einen Menschen in deinem Leben an, der dir etwas bedeutet, und sage ihm einfach nur: »Ich wollte nur kurz deine Stimme hören, schön, dass es dich gibt!«

grenzenlos!

Du bist nicht allein, wenn du es nicht sein willst. Hol dir Menschen in dein Leben!

Höre auf,
dich selbst zu belügen

»Du trägst ja das gleiche T-Shirt wie gestern.« Der Klassenkamerad zeigte auf mich und lachte. Die anderen lachten auch. Ich wäre in dem Moment am liebsten vom Erdboden verschlungen worden. Bis zu dem Tag war es für mich normal gewesen, dass ich nur ein T-Shirt, eine Hose und ein paar Schuhe besaß. Ich kannte es nicht anders. Durch das Lästern meines Freundes wurde mir schmerzhaft bewusst, dass das alles andere als normal war. Ich war zu dem Zeitpunkt dreizehn Jahre alt.

Als ich nach Hause kam, brach ich in Tränen aus. Das konnte doch nicht richtig sein, warum war es immer ich, der am wenigsten zu haben schien? Warum war es immer ich, der kaum Taschengeld bekam, während die anderen sich stets Süßigkeiten, Eis und Limonade kaufen konnten? Warum war es so, dass die anderen die neuesten Gameboy-Spiele hatten und ich nicht einmal ein zweites T-Shirt haben konnte?

An diesem Tag wurde mir zum ersten Mal bewusst, dass es Ungleichheit in der Welt gab. Mir wurde bewusst, dass es einige Menschen gab, die mehr Möglichkeiten hatten als andere. Wir hatten im Unterricht schon einmal über Armut gesprochen. Zum ersten Mal wurde mir an diesem Tag jedoch bewusst, dass meine Familie dazugehörte. Wir waren nicht an der Armutsgrenze, wir befanden uns darunter. Später wurde mir klar, dass es sogar brenzliger war, als ich an diesem Tag realisiert hatte. Wenn das Kind nicht einmal ein zweites T-Shirt haben kann, ist man vermutlich am tiefstmöglichen Punkt angelangt, bevor es in die Obdachlosigkeit geht. Das erkannte ich glücklicherweise erst viele Jahre später.

Dieser Tag ist mir als ein besonders schmerzhafter in Erinnerung geblieben. Ein Tag, an dem der Schmerz über die erst mal wahrgenommene Ungleichheit und Ungerechtigkeit nicht nachlassen wollte und ich auch Stunden später noch nicht aufhören konnte zu weinen. Dennoch bin ich dankbar für diesen Tag. Denn an diesem Tag habe ich einen Beschluss gefasst: Wenn ich groß bin, so dachte ich damals mit Tränen im Gesicht, werde ich dafür sorgen, dass es mir nie wieder an irgendetwas mangelt. Außerdem bin ich dankbar für diesen Tag, weil ich die grenzenlose Liebe meiner Familie wahrgenommen habe: Meine Mutter litt so sehr unter meinem Weinen und meinem Schmerz, dass sie eine Lösung finden wollte. Und wo ein Wille ist, das wissen wir alle, da ist immer auch ein Weg. Nach einigem Überlegen kam sie auf die Idee, dass mein elf Jahre älterer Bruder, der bereits von zu Hause ausgezogen war und sein eigenes Einkommen hatte, womöglich ein paar Kleidungsstücke in seinem Schrank hatte, die er nicht mehr trug. So rief sie ihn an und siehe da: Am gleichen Abend kam er vorbei und schenkte mir ein paar T-Shirts, Hosen und Pullis. Auch wenn ich an dem Tag das erste Mal in meinem Leben bewusst das Gefühl von bitterer Armut spüren musste, war ich am Ende des Tages dennoch glücklich, denn ich habe etwas noch viel Wichtigeres bekommen als Geld oder Kleidung: Mir wurde gezeigt, dass ich geliebt bin.

Nun hatte ich an diesem Tag den eisernen Beschluss gefasst, nie wieder broke zu sein. Dennoch sollte es auch, als ich schon erwachsen war, noch einige Momente in meinem

Leben geben, wo ich Armut und Mangel wieder zu spüren bekam. Warum? Ich hatte mich selbst belogen.

Ich hatte mich belogen, denn ich wollte in Wirklichkeit gar nicht zulassen, frei von Mangel zu sein. Ich wollte in Wirklichkeit gar nicht zulassen, in Fülle zu leben. Ich wollte in Wirklichkeit gar nicht zulassen, Reichtum in meinem Leben zu haben. Warum nicht? Weil ich mich selbst sabotierte. Wir alle machen das auf unsere individuelle Art und Weise.

Die Selbstsabotage ist das größte Hindernis
für unser wahres Glück.

Wir finden Ausreden, anstatt uns zu entwickeln. Wir halten uns selbst zurück, anstatt nach vorne zu gehen.

Habe ich das bewusst gemacht? Natürlich nicht. Ganz im Gegenteil, ich habe immer danach gestrebt, keine finanziellen Sorgen mehr haben zu müssen, keinen Mangel mehr erleben zu müssen und mich selbst aus diesem Teufelskreis zu befreien. Ich habe nur eines nicht erkannt: Ich hatte weiterhin »arme« Glaubenssätze. Für dich mag sich das absurd anhören, aber wenn man aus einer Gegend voller Armut und Elend kommt, dann ist man von Hass und Abneigung gegenüber Reichen umgeben. »Die Reichen« sind die *Bösen*, die *Abzocker*, diejenigen, die andere angeblich *unterdrücken* und *ausnutzen*. Die, die sich *auf Kosten anderer* selbst bereichern. Damals habe ich nicht gewusst und nicht erkannt, dass fast alle vermögenden Menschen ihr Vermögen auf ehrlichem Wege aufgebaut haben. Dass diese Menschen hart dafür gearbeitet haben und echte Werte geschaffen haben. Ich habe noch nicht erkannt, das Geld eine Energie ist, die wie jede andere Energie auch, von Natur aus dorthin fließt, wo jemand den größten Mehrwert für andere Menschen erschafft. Menschen, die daher bereit sind, den Erschaffer dieser Werte dafür großzügig zu vergüten – denn sie bekommen im Gegenzug ein Produkt oder eine Dienstleistung, die ihr Leben bereichert. Ich dachte jedoch: Wer viel Geld hat und viel Geld verdient, muss böse sein. So hatte ich es gelernt. Das war schließlich die gängige Ansicht aus meiner Umgebung. Also war in meinem Kopf auf unterbewusste Art und Weise verankert: *Wenn ich nun wirklich viel Geld verdienen wollte, müsste ich böse werden und Schlechtes tun.*

Natürlich wollte ich nichts von beidem, also habe ich mich unbewusst davon abgehalten, wirklich viel Geld zu verdienen. Jedes Mal, wenn ich mir eine Chance erarbeitet hatte, sabotierte ich mich wieder selbst. Meinen ersten Job habe ich schnellstmöglich gekündigt, obgleich ich direkt nach dem Abitur ein Gehalt, einen Dienstwagen und Verantwortung in einem Umfang bekommen habe, von dem andere ihr Leben lang träumen. Als ich deutscher Meister wurde, habe ich dieses Sprungbrett nicht genutzt, um mir daraus ein nachhaltiges berufliches und finanzielles Standbein aufzubauen. Selbst als ich dann mit YouTube erfolgreich wurde, hat es eine Weile gedauert, bis ich meine alten Muster loslassen konnte und damit wirklich Geld verdiente. Mit dem Geldverdienen ist es nämlich so, dass wir uns erst selbst erlauben müssen, viel davon zu verdienen, bevor wir in der Lage sind, dieses auch zu erhalten.

Erst als ich diesen Mechanismus erkannt habe, konnte ich ihn durchbrechen und bewusst Geld in mein Leben lassen. Erst dann durfte ich erkennen, dass es umgekehrt zu dem ist, was ich immer gedacht hatte. Ich musste Geld zulassen, anstatt es zu verurteilen. Ich erkannte, dass es absurd ist, eine Energie zu verurteilen. Ich verurteile doch auch nicht Strom, Wind, Feuer oder Wasser. Gleichzeitig wurde mir klar, dass Energie zerstörerisch sein kann – dies gilt natürlich auch für Geld. Aber als Allererstes ist es eine Energie, die für unser menschliches Zusammenleben lebensnotwendig ist. Natürlich gibt es Menschen, die diese Energie für destruktive Zwecke verwenden – genauso wie es Menschen gibt, die Feuer für Brandstiftung missbrauchen oder Wasser benutzen, um jemanden zu ertränken. Dies ist jedoch alles andere als gängig oder normal und ebenso wenig, wie ich derart zerstörerische Dinge mit diesen Energien machen würde, genauso wenig würde ich Zerstörerisches mit Geld anstellen.

Diese Erkenntnis hat mein Leben verändert und enorm beruhigt. Denn ich durfte nun realisieren: Erst wenn man keine Geldsorgen mehr hat, sich dadurch entspannen kann und Entscheidungen ohne Not und Sorgen trifft, kann man wirklich Gutes tun. Es war also genau umgekehrt zu dem, was ich ursprünglich gedacht hatte.

Frage auch du dich, wo du solche hinderlichen Glaubenssätze hast. Sie können sich in allen Lebensbereichen verstecken. Ich habe schon übergewichtige Menschen kennengelernt, die von der Mama oder Oma gelernt hatten, dass »Liebe durch den Magen geht«. Erst als sie erkannten, dass dieser Glaubenssatz sie zurückhält und sie auch ohne übermäßig zu essen geliebt werden können, purzelten die Pfunde plötzlich wie von selbst. Ich habe Raucher kennengelernt, die dachten: »Rauchen ist gesellig.« Kiffer, die dachten: »Ich brauche das zum Entspannen.« Workaholics, die sich nie Erholung erlaubten, da sie glaubten, »wer rastet, der rostet«, Menschen, die sich ab einem bestimmten Alter nicht weiterentwickelt haben, weil sie sich eingeredet haben, »was Hänschen nicht lernt, lernt Hans nimmermehr«. Menschen, die ohne konkrete Visionen und Ziele durchs Leben irrten, denn alle Wege würden »nach Rom führen«. Menschen, die sich nicht erlaubten, groß zu denken, denn »Kleinvieh macht auch Mist.«

Was für ein gnadenloser Schwachsinn.

Natürlich können wir für all diese einschränkenden Glaubenssätze, die gesellschaftlich so stark verankert sind, dass sie sogar zu Sprichwörtern wurden, bei ausführlichem Nachdenken immer Beispiele finden, die das jeweilige Sprichwort bestätigen.

Wenn wir zerstörerische Denkmuster als wahr betrachten, machen wir uns das Leben verdammt schwer.

So war es auch bei mir. Anstatt meinen Wunsch zielstrebig zu verfolgen und einfach so viel Geld zu verdienen, dass ich in Fülle und sorgenfrei leben kann, habe ich zunächst an den zerstörerischen Gedanken festgehalten.

Erst als ich aus dem Ghetto raus war, neue Menschen und andere Umfelder kennengelernt hatte, konnte ich diese Glaubenssätze fallen lassen. Denn plötzlich erkannte ich, dass es wohlhabende und sorgenfreie Menschen gibt, die Gutes tun, liebenswert sind, das Herz am rechten Fleck haben und trotzdem sehr viel Geld verdienen.

Nur wenn wir unsere Komfortzone hinter uns lassen und uns erlauben, neue Menschen kennenzulernen, Neues zu sehen, Neues zu erleben und andere Denkmuster zu erkunden, können wir eine neue Perspektive einnehmen, die uns dabei helfen kann, alten Ballast abzulegen.

Wo trägst du solchen Ballast noch mit dir herum? Welche Glaubenssätze, Konditionierungen und Barrieren, auf die du immer wieder stößt, halten dich in deinem Leben zurück? Hast du vielleicht Angst, Altes zurückzulassen? Hast du Angst zu versagen oder Fehler zu machen?

All dies ist okay, wie gesagt, wir haben alle solche inneren Hürden und Blockaden. Mach jedoch nicht den gleichen Fehler wie ich. Hör auf, dich selbst zu belügen und in deiner Komfortzone zu verharren. Stell dich diesen Blockaden, überwinde sie und erlaube dir ein grenzenloses Leben. Sei mutig und gehe ins Unbekannte, denn nur dort kannst du lernen, wachsen und dein wahres Glück finden.

Es gibt da dieses faszinierende Phänomen in der Welt. Ich habe keine Ahnung wie es funktioniert oder warum, ich weiß nur, dass es funktioniert: Wenn du an etwas glaubst, wird es sich auch erfüllen. Glaube also an das, was du wirklich willst. Solange ich daran »geglaubt« habe, dass Menschen in Armut »bessere« Menschen seien als Reiche, hat sich die Armut in meinem Leben weiterhin hartnäckig gehalten. Erst als ich erkannt habe, dass dies Schwachsinn ist und ich mich selbst belogen hatte, konnte ich mir erlauben, »reiche« Gedanken zu formen und zu erkennen, dass Reichtum nicht nur okay, sondern sogar gut und wünschenswert ist. Natürlich sollte Reichtum auf ehrliche und ethische Weise erschaffen werden – ansonsten wird er nicht glücklich machen. Auch wenn die Drogendealerin, der Waffenhändler oder die Ausbeuterin äußerlich Reichtum haben mögen, ist ihr Leben dennoch von innerer Armut geprägt. Es geht also nicht darum, um jeden Preis Reichtum zu erlangen – es geht darum, dies zu tun, indem man auch einen echten Mehrwert schafft. Einen Mehrwert, für den andere gerne bezahlen. Auf diesem Weg kommt Reichtum automatisch, sofern du neben einem echten Wert, den du lieferst, auch *reiche* Glaubenssätze hast. So habe ich meine Glaubenssätze geändert und plötzlich hat sich die Fülle in meinem Leben breitgemacht.

Wir machen uns ständig selbst diese Art von Limitationen: Wir alle schießen kürzer, als wir eigentlich wollen. Anstatt echte Fülle und die Freiheit von Sorgen anzustreben, wünschen wir uns, »genug zum Überleben« zu haben. Anstatt maximale Fitness und beste Gesundheit zu wollen, wünschen wir uns, »nicht krank zu werden.« Anstatt einer grandiosen Beziehung voller Liebe, Vertrautheit und wunderschöner Zweisamkeit wünschen wir uns jemanden an unserer Seite, um »nicht allein sein zu müssen«. Bei diesen Formulierungen steckt im Wunsch schon das Scheitern. Anstatt uns zu überlegen, was wir wirklich wollen und dies auch anzustreben, denken wir nur darüber nach, was wir *nicht* wollen.

Wenn wir jedoch bedenken, dass wir anziehen, woran

wir glauben, müssen wir uns dementsprechend eingestehen, dass so etwas zu denken wie »Ich möchte nur genug zum Überleben« ein Glaubenssatz ist, der uns geradewegs zu dem Schicksal führt, welches wir vermeiden möchten. Denn mit einem derartigen Glaubenssatz wird uns das Leben auch genau das geben: *Überleben*. Nicht mehr und nicht weniger. Wir stecken also weiterhin mitten im Überlebenskampf. Wenn wir an »nicht krank« denken, fokussieren wir uns auf die *Krankheit* und nicht auf die Gesundheit. Wenn wir an die Vermeidung von Einsamkeit denken, werden wir das *Alleinsein* erfahren, auch wenn wir uns in Wirklichkeit das Gegenteil sehnlichst wünschen.

Denke und glaube an das, was du wirklich willst, nicht an das, was du vermeiden möchtest.

Als ich dies erkannt hatte, fing ich an, meine ersten Schritte in Richtung Grenzenlosigkeit zu machen. Denn eine finanzielle Basis, die dir die Sorgen um dein Überleben nimmt, ist der wichtigste Grundstein für die Entfaltung deines wahren Potenzials. Solange du bewusst oder unbewusst im Überlebenskampf steckst, wird dieser Kampf deine gesamte Aufmerksamkeit und Energie fressen.

Als dieser Energiefresser langsam nachließ, konnte ich mich entfalten. Genau genommen hatte ich damit bereits vorher begonnen, aber je sorgloser ich mir erlaubte zu sein, desto größer wurden meine Ziele. Denn Ziele hatte ich schon immer und niemand konnte mich davon abhalten, diese zu erreichen. Erst recht nicht meine Umstände oder mein Umfeld. Mein Umfeld hatte mich für verrückt erklärt, als ich sagte: »Ich werde deutscher Meister im Yo-Yo.« *Bis ich es geworden bin.* Sie sagten, ich sei verrückt, als ich nach dem zweiten Meistertitel alles hinschmiss und sagte: »Ich fange jetzt etwas anderes von null an.« Sie sagten, ich sei verrückt, als ich ihnen einige Zeit später von meinem YouTube-Channel mit null Abonnenten erzählte und dazu erklärte, dass ich irgendwann eine Million Abonnenten haben würde. *Bis ich es erreicht hatte.* Sie sagten, ich sei verrückt, als ich meine Wohnung kündigte, um mit nur einem einzigen Handgepäck die Welt zu bereisen. *Bis ich es tat* und sie sahen, wie frei und glücklich ich plötzlich war.

Erst als ich mir erlaubt habe, an das zu denken, was ich wirklich wollte: Die Fülle – erst dann konnte ich diese auch erleben. Beim Geld, bei meinem beruflichen Erfolg, im Liebesleben, bei meinen Freundschaften, bei meiner Fitness und meiner Gesundheit. Nichts von alledem ist möglich, solange wir an alten und beschränkenden Glaubenssätzen festhalten.

Solange ich den Fokus auf den Mangel hatte, war der Mangel da. Egal in welchem Lebensbereich. Als ich anfing, die Fülle zu sehen, trat die Fülle in mein Leben. Gleiches gilt für meine Freunde, Bekannte und Coaching-Klientinnen, die sich ebenfalls für die Fülle entschieden haben.

Schließlich hatte ich auch keine andere Wahl. Unser Leben geht ohnehin voran. Ich muss da immer an einen Moment im Schwimmbad denken. Ich war vielleicht elf oder zwölf Jahre alt und wir alle sind auf den Sprungturm geklettert. Irgendwann realisierte ich, dass es zwei Arten von Menschen gibt: diejenigen, die springen, und diejenigen, die fallen – wie ein Sack, der von einem Schiff über Bord geworfen wird. Ich habe mich entschieden zu springen. Später realisierte ich, dass dies auch für alle anderen Lebensbereiche gilt. Diejenigen, die springen, übernehmen die Kontrolle über ihr Schicksal und ihren Weg und gehen Dinge proaktiv an. Dies führt dazu, dass sie bei ihrer Entwicklung gleichzeitig sogar Spaß haben. Diejenigen, die fallen, geben sich hilflos ihrem Schicksal hin und gleiten hilflos durchs Leben. Beides ist eine Mentalität. Beides ist eine Entscheidung. Egal ob du sie bewusst triffst oder nicht. Du wirst entweder springen oder einfach fallen. Als mir dies klar war, entschied ich mich, bei allem, was ich mache und bei allem, was mir wichtig ist, immer zu springen.

Du kannst das auch. Es ist eine einfache Entscheidung. Deine Entscheidung. Triff sie jetzt. Denn auch du willst die Fülle in allen Lebensbereichen. Jeder will das. Belüge dich nicht selbst. Sei ehrlich zu dir. Respektiere dich. Akzeptiere deine wahren Wünsche, Bedürfnisse und Ziele und setze deine mentale und körperliche Energie ausschließlich für das Erreichen dieser Vision ein. Deiner Vision. Erlaube dir, *grenzenlos* zu werden. Du hast es verdient.

grenzenlos!

Wer bist du wirklich im Innersten?
Wer willst du sein?

Der Junge aus dem Ghetto wird deutscher Meister

Plötzlich stand die Polizei vor der Tür. Drama. Werden meine Eltern jetzt verhaftet? Mein Freund wurde sofort von seiner verstört wirkenden Mutter abgeholt, die Nachbarn gafften und ich verstand die Welt nicht mehr– alles spielte sich ab wie in einem schlechten Film.

Ich war gerade in der zweiten Klasse und mein Klassenkamerad war zum Spielen zu mir nach Hause gekommen. Eigentlich war alles schön und harmonisch. Wir spielten mit den paar Spielsachen, die ich hatte – in dem Alter war weder mir noch meinem Spielkameraden allerdings bewusst, dass ich wenig hatte. Wir hatten Spaß, tobten durch die Wohnung und taten, was Kinder so machen, um Spaß zu haben. Als es plötzlich klingelte, dachten wir uns nichts dabei. Für uns Kinder war es natürlich spannend: Die Polizei besuchte uns, was für ein Abenteuer! Erst an der Reaktion meiner Eltern merkte ich, dass es kein erwünschter Besuch war. Ein Abenteuer vielleicht, aber kein gutes.

Ein Nachbar hatte die Polizei gerufen, weil meine Eltern auf dem Balkon gekifft und er es auf seinem Balkon gerochen hatte. Anstatt bei meinen Eltern zu klingeln und sie darum zu bitten, ihn mit ihrer illegalen Freizeitbeschäftigung nicht zu belästigen, hielt er es anscheinend für eine bessere Idee, gleich auf die höchstmögliche Eskalationsstufe zu gehen und die Polizei zu rufen. Bis heute habe ich keinerlei Verständnis für diesen Akt unseres Nachbarn, denn die Konsequenzen aus diesem Anruf zerstörten regelrecht meine komplette Kindheit. Dieses Erlebnis ist wahrscheinlich auch einer der Gründe, warum ich in meinem ganzen Leben noch nie einen Joint angerührt habe – jedoch wäre mir die Neigung zu einer Kräuterzigarette deutlich lieber gewesen als eine ruinierte Kindheit. Denn was folgte, hat mich zutiefst beschämt und mir das Gefühl gegeben, dass mit mir und meiner Familie irgendetwas *falsch* sei. Die Polizisten behandelten meine Eltern trotz dieses nichtigen Verstoßes wie Schwerverbrecher. Als sei die Erfahrung, dass die Eltern im eigenen Zuhause von der Polizei erniedrigt werden, nicht schlimm genug, kannte einer der Polizisten zufällig auch noch die Eltern meines Freundes persönlich. So rief er dessen Mutter an, erzählte ihr was »Furchtbares« geschehen war und sagte ihr, die solle ihren Sohn lieber schnellstmöglich aus diesem »Verbrecherhaushalt« entfernen. Aufgebracht kam sie eine halbe Stunde später vorbei, würdigte meine Eltern keines Blickes und erlaubte ihrem Sohn nicht, je wieder etwas mit mir zu tun zu haben.

Aus heutiger Perspektive kann ich sogar ein wenig Verständnis für ihr aufgebrachtes Verhalten aufbringen. Natürlich war sie einfach nur besorgt um ihren Sohn.

Dennoch sollte dieser Tag meine komplette Kindheit prägen. Irgendetwas schien mit mir und meiner Familie nicht zu stimmen. Irgendetwas war nicht »normal«. Ich wusste als siebenjähriges Kind nicht, was es war, oder ob diese Einschätzung überhaupt zutraf, doch dieses Erlebnis hatte sich für mich so sehr erniedrigend und einschüchternd angefühlt, dass ich nie wieder ein anderes Kind nach Hause einlud. Bis ich mit achtzehn Jahren von zu Hause auszog, hatte ich nie wieder Besuch empfangen. Doch nicht nur das, auch sonst war ich Außenseiter: Die Fahrt ins Schullandheim konnten sich meine Eltern nicht leisten, auch an anderen Schulveranstaltungen und außerschulischen Aktivitäten konnte ich –

sofern sie Geld kosteten – nie teilnehmen, selbst bei meinem Abiball war ich nicht. Als ich einige Wochen nach dem Abiball einen Klassenkameraden auf der Straße traf, log ich, dass ich »keinen Bock« gehabt hatte, dorthin zu gehen. Die ehrliche Antwort »zu arm« war mir schlichtweg zu peinlich.

Auch in meiner Nachbarschaft habe ich niemanden so richtig an mich herangelassen. Nicht unbedingt, weil ich es nicht wollte, sondern vielmehr, weil die ganze Atmosphäre feindselig war. Als ich fünf Jahre alt war, zogen meine Eltern mit uns drei Kindern von Berlin nach Freiburg. In Berlin war noch alles gut, und auch wenn ich mich an die Zeit nicht mehr erinnern kann, weiß ich, dass ich bis dahin eine schöne Kindheit hatte. In Freiburg lebten meine Eltern mit uns aus Mangel an Mitteln in einem multikulturellen Ghetto. Damals wusste ich nicht, warum die anderen Kinder meine Schwester und mich immer gemobbt haben, heute ist mir klar, dass es Rassismus war. Die Kinder, von denen wir vorwiegend umgeben waren, mochten uns irgendwie nicht so gerne. Ich habe das nie verstanden, als kleines Kind wollte ich ja nur spielen. Für meine Schwester und mich war es völlig unverständlich, dass immer wieder ausgerechnet unsere Fahrräder kaputt gemacht wurden, wir von den anderen Kindern gehauen oder teilweise noch schlimmeren Gewaltausbrüchen ausgesetzt wurden und warum wir beim Spielen von »Wer hat Angst vorm schwarzen Mann« immer den »schwarzen Mann« spielen sollten. In dem Alter versteht man das Konzept von Rassismus nicht. Man will einfach nur spielen. Selbst, dass es überhaupt verschiedene Hautfarben gibt, begriff ich erst viele Jahre später. Dass ein Mensch einen anderen Menschen aufgrund seiner Pigmentierung abwertend behandelt oder ihm gar Hass entgegenbringt, habe ich noch viel später erst realisiert. Als kleines Kind fragte ich mich nur: Warum sind meine Schwester und ich diejenigen, die in unserer Nachbarschaft von fast allen anscheinend nicht gemocht werden?

Auch in der Schule machte ich wiederholt Erfahrungen, die mir suggerierten, mit mir und meiner Familie sei etwas nicht in Ordnung. Als kleines Kind sah ich im Schulunterricht manchmal verträumt aus dem Fenster – ich denke, das ist völlig normal und ich schaue bis heute gerne verträumt aus dem Fenster. Meine Lehrerin fragte dann stets: »Kojo, ist zu Hause alles in Ordnung«? Dies jedoch nicht auf eine liebevolle Art und Weise, sondern vielmehr mit dem impliziten Unterton: »Oder schlägt dein Vater etwa deine Mutter?« Obwohl es für derlei Annahmen nie einen Grund gab und meine Eltern sich zu allen Zeiten um das Wohlergehen von mir und meinen Geschwistern bemüht haben, trotz der massiven finanziellen Engpässe.

Auch von Lehrerseite stieß ich einige Male auf Rassismus. In Erinnerung ist mir zum Beispiel eine fast lustige Situation, weil sie dermaßen absurd war. Mein Biologielehrer erzählte etwas über Sonnenbrände. »Alle von euch können einen Sonnenbrand bekommen, außer Kojo.« In der darauffolgenden Diskussion verstrickte er sich in Stereotype, anstatt einfach anzuerkennen, dass ich sehr wohl einen Sonnenbrand bekommen kann. Neben dieser zwar völlig inakzeptablen, jedoch eher humorvollen Anekdote gab es noch einiges an wesentlich direkterem Rassismus – bis hin zu einem Ethiklehrer, der mich nach einigen rassistischen Bemerkungen aufgrund meiner Hautfarbe aus dem Unterricht schmiss, mit den Worten: »Ich möchte *dich* nicht in meinem Unterricht haben.« Die Ironie darin, von einem Ethik-Lehrer, der Recht, Moral und Gleichbehandlungsphilosophien lehrt, so behandelt zu werden, ist mir nicht entgangen.

All diese Erfahrungen führte dazu, dass ich mich zunehmend selbst isolierte. Ich lud niemanden zu mir ein, ich spielte nicht mit den Kindern aus der Nachbarschaft und in der Schule hatte ich nur wenige innige Verbindungen, da ich aufgrund meiner Erfahrungen eine gewisse Angst entwickelt hatte, andere an mich heranzulassen und mich zu öffnen.

Diese Erfahrungen prägten mich und hinterließen mir einiges an emotionalen Narben, die ich erst viele Jahre später in zahlreichen Coaching- und Heilungssessions aufarbeiten und loslassen konnte.

Doch überall, wo es Dunkelheit gibt,
gibt es auch Licht. Yin und Yang.

So habe ich meine vermeintliche Opferrolle, die mir die meisten Menschen um mich herum von außen überstülpen wollten, nie für mich akzeptiert. Im Gegenteil, ich hatte immer das Bedürfnis, in allem der Beste zu sein. So bekam ich Anerkennung und plötzlich gab es auch Menschen, die Potenzial in mir sahen: Im Sportunterricht war ich schneller als alle anderen. Als ich anfing, Leichtathletik zu machen, wurde mir eine Profikarriere vorausgesagt. Als ich anfing, Schach zu spielen, förderte der Lehrer mich extra, weil er offenbar dachte, ich hätte das Potenzial, zum nächsten Bobby Fisher werden. Eine der Teilnehmerinnen in der Schachschule, in die er mich eingeführt hatte, war Lara Stock, ein Mädchen, das mit elf Jahren schon Weltmeisterin wurde – in dem Zeitraum, als ich ebenfalls gegen sie trainierte. Dann begann ich mit dem Turnen und auch dort sahen andere schon die Medaillen glitzern, die ich irgendwann mal abräumen würde.

Basketball, Tischtennis und Hockey – ich probierte alles irgendwann aus und dominierte nach kurzer Zeit in meinem Umfeld. Lag es daran, dass ich so viel talentierter war als die anderen Kinder? Absolut nicht. Talentiert war ich nie. Ich war nur fokussierter als die anderen Kinder, denn ich hatte keinerlei Ablenkung. Da ich kaum Freunde hatte, mit denen ich mich zum Spielen treffen konnte, wenig Spielzeug besaß, mit dem ich mir die Zeit hätte vertreiben können und kein Taschengeld, mit dem ich wie die anderen Kinder hätte

Eis essen und ins Kino gehen können, übte ich halt in jeder freien Minute das, was mich gerade am meisten interessierte. Per Zufall und sehr früh entdeckte ich deshalb den Mechanismus, der jeden erfolgreichen Menschen erfolgreich macht: *Fokus*. Sich auf etwas zu fokussieren, um Erfolg zu haben, kann jeder, die meisten Menschen lernen dies jedoch erst im Abitur, im Studium oder bei ihrem ersten Job. Manche lernen es nie. Ich hatte viele Nachteile in meiner Kindheit, aus denen jedoch ein Vorteil entstanden ist, der mir später noch viel Gutes zukommen lassen sollte: die Fähigkeit, meine volle Konzentration und meine gesamte freie Zeit auf eine Sache auszurichten, die mir wichtig ist und mich erfüllt.

Damals habe ich das natürlich so nicht gesehen, ich hatte einfach nur keine andere Wahl. Meine Optionen waren lediglich zwei: Entweder gebe ich mich meiner vermeintlichen Opferrolle hin, oder ich fokussiere mich auf das, was ich ändern kann, meine Leistungen in Aktivitäten, die mir Spaß machen und mir etwas bedeuten.

Wir alle können das. Wenn wir etwas erreichen wollen, egal wie ausweglos es scheint, wir können die Entscheidung treffen, uns zu fokussieren.

Frage dich an dieser Stelle: Was ist das wichtigste Resultat, das du dir aktuell in deinem Leben wünschst? Dann fokussiere dich drauf. Mach nichts anderes. Verkaufe deinen Fernseher, wenn nötig, verkaufe die Konsole, kündige Netflix, lösche die Social-Media-Apps von deinem Handy. Tue, was auch immer für dich nötig ist, um dich voll und ganz auf das Wesentliche zu fokussieren. Natürlich musst du schlafen, deinen Lebensunterhalt verdienen, dich um deine Kinder kümmern, wenn du welche hast. Aber dann bleiben dir immer noch mehrere Stunden jeden Tag übrig, die du sonst nur vor einem Bildschirm, beim Biertrinken, beim Tratschen oder auf welche Art und Weise auch sonst verschwendest. Höre auf damit, wenn du *grenzenlos* sein möchtest.

Wirst du sofort zu Superwoman oder Superman? Natürlich nicht. Du kommst deinem Ideal jedoch Tag für Tag näher und irgendwann geht es schneller, als du denkst. Wenn du jeden Tag ein Prozent dazu lernst, dann bekommst du in nur einem Jahr 37-mal so starke Resultate, als wenn du nur so weitermachst wie bisher. Du dehnst dich aus. Wenn du nicht dein Bestes gibst, dann bildest du dich und deine Fähigkeiten zurück. Nehmen wir an, du verschlechterst dich nur um einen Prozentpunkt am Tag, performst also auf 99 Prozent deiner Kapazitäten, statt auf 101 Prozent oder mehr zu kommen, dann verschlechterst du deine Resultate 38,7-mal so stark wie im gegenteiligen Beispiel. Das nennt sich Compound-Effekt.

Alles, was du benötigst,
um zu wachsen, ist FOKUS.

Als ich dreizehn Jahre alt war, habe ich das erste Mal erlebt, wie schnell es gehen kann. Vorher wechselte ich immer von einem Sport zum nächsten, probierte eine Aktivität nach der anderen aus und blieb bei nichts so richtig hängen.

Eines Tages sah ich aber im Fernsehen drei Jungs, die unvorstellbare Tricks mit einem Yo-Yo vorführten. Ich war fassungslos. So etwas geht?! Mit einem Yo-Yo? Das musste ich ausprobieren. Zufälligerweise hatte ich zwei Wochen später meinen dreizehnten Geburtstag. Zu meinem Geburtstag bekam ich mehr Geld, als ich jemals zuvor in den Händen gehalten hatte. Als ich die komplette Summe für ein Yo-Yo ausgab, war mein komplettes Umfeld außer sich. »So eine Verschwendung«, sagten sie. Ich aber war völlig fasziniert und begeistert. Von dem Tag an spielte ich täglich Yo-Yo. Wenn die Schule aus war, lief ich direkt nach Hause in mein Zimmer und trainierte. Damals gab es noch keine HD-Videos, sondern höchstens extrem verpixelte Clips, aus denen ich meine Tricks lernen konnte. Also musste ich in Online-Foren gehen und mir schriftliche Beschreibungen ansehen, um meine Fähigkeiten zu verbessern und neue Tricks zu lernen.

Vielleicht kennst du bisher nur die Möglichkeit ein Yo-Yo auf und ab rollen zu lassen. Das ist für einen Yo-Yo-Profi jedoch, als würde man einen Ball nur zum Draufsitzen verwenden oder ein Schachbrett als Tablett: Kann man machen, ist jedoch nicht Sinn und Zweck des Spielgeräts. Ein richtiger Yo-Yo-Spieler macht hingegen ein aufsehenerregendes Schauspiel aus dem Jonglieren des Yo-Yos. Stell es dir einfach vor wie einen Jongleur mit sieben Bällen oder jemanden, der einen Zauberwürfel in nur wenigen Sekunden auf die richtigen Farben dreht. Du schaust zu und wunderst dich zunächst nur darüber, dass so etwas überhaupt möglich ist. So war es bei mir am Anfang auch. Doch das scheinbar *Unmögliche* hat es für mich nur spannender gemacht. Professionelles Yo-Yo-Spielen ist nicht das klassische Auf und Ab. Es gibt Figuren, Positionen und komplexe dynamische Abfolgen, die für den Laien teilweise wie Zauberei aussehen.

In einem dieser Foren las ich, dass es in Kürze die deutsche Meisterschaft im Yo-Yo geben würde. Kurzerhand meldete ich mich an. Ich hatte schließlich nichts zu verlieren. Wahrscheinlich werde ich Letzter, dachte ich, aber zumindest würde ich live neue Tricks sehen und von anderen lernen, sodass ich nicht immer nur aus schriftlichen Beschreibungen erahnen musste, was ich tun musste, damit der Trick optimal funktioniert. Vier Monate nach meinem Geburtstag verließ ich zum ersten Mal in meinem Leben meine Heimat, um zur deutschen Meisterschaft zu fahren. Überraschenderweise kam ich durch alle Vorrunden. Beim Hauptevent waren nur Vollprofis – und ich, der dreizehnjährige Newcomer. Auch die drei Yo-Yo-Profis, die ich in der Fernsehsendung auf RTL2 gesehen hatte, waren mit im Wettbewerb. Ich konnte mein Glück nicht fassen: Nicht nur war ich nach nur vier Monaten intensiven Trainings in der Endrunde der deutschen

Meisterschaft gelandet, ich trat sogar gegen meine Idole an. Besser hätte ich es mir nicht erträumen können. Doch es kam noch besser: Am Ende belegte ich den vierten Platz!

Voller Glück und immer noch fassungslos fuhr ich zurück in die Heimat. Eigentlich hatte ich keinerlei Ambitionen gehabt, als ich mich angemeldet hatte, wie auch, schließlich war ich erst seit vier Monaten am Trainieren. Doch nun wusste ich: Wenn ich weitermache, kann ich auch gewinnen. Im zweiten Jahr wurde ich Zweiter, mein Rivale, der als der »Michael Jordan der deutschen Yo-Yo-Szene« galt, da er seit Jahren unschlagbar schien und jeden Titel gewann, hatte mich um Haaresbreite geschlagen. Im dritten Jahr wurde ich zum ersten Mal deutscher Yo-Yo-Meister und qualifizierte mich damit für die Weltmeisterschaft in Florida. Mein Fokus zahlte sich zum ersten Mal in meinem Leben aus.

Obwohl ich mein Ziel nun erreicht hatte, war ich dennoch unzufrieden: Ich begriff, dass meine soziale Isolation, der ich mich in meiner Kindheit aufgrund meiner Minderwertigkeitsgefühle unterworfen hatte, dazu führte, dass es mir massiv an sozialen Fähigkeiten mangelte. Während es anderen leicht fiel, unter den gleichgesinnten Yo-Yo-Fanatikern bei der Meisterschaft Freunde zu finden, wurde ich wie überall auch dort eher als Außenseiter und als unsozial wahrgenommen. Diesmal allerdings nicht aufgrund von Vorurteilen und Rassismus, sondern weil ich es aufgrund meiner Isolation einfach nie gelernt hatte, echte Verbindungen zu meinen Mitmenschen aufzubauen.

So durfte ich auf unbequeme Art und Weise das wahre Geschenk von dieser Meisterschaft mitnehmen, dass sich als viel wertvoller herausstellen sollte als der Pokal selbst: ein Ansporn, mich meiner persönlichen Entwicklung zu widmen. Hier wurde der Grundstein zu meiner wahren Entfaltung gelegt und die Basis für meinen Weg in die Grenzenlosigkeit.

Im nächsten Jahr hatte ich mich um 180 Grad gedreht. Ich war eine andere Persönlichkeit und meine Yo-Yo-Kollegen ließen mir nicht nur kollegiale, sondern nun auch zwischenmenschliche, ja, gar freundschaftliche Anerkennung zukommen. Ein wahrer Meilenstein für mich als Junge aus dem Ghetto, der bis dahin eine Art Sozialphobie hatte. Auch meine Beziehungen in der Schule und in meinem Umfeld verbesserten sich massiv.

Während viele andere Menschen sich an dieser Stelle wahrscheinlich darauf ausgeruht hätten, deutscher Meister und international anerkannter Profi in einer Disziplin zu sein, gab ich mich – wie schon zuvor – nicht mit einer Sache zufrieden. Ich war immer noch rastlos, wollte mehr vom Leben. Mehr erleben. Ich strebte damals bereits nach Grenzenlosigkeit, auch wenn ich es noch nicht so genannt habe. So holte ich mir den Meistertitel ein zweites Mal und hängte anschließend mein Yo-Yo an den Nagel.

Mein Umfeld dachte natürlich wieder einmal, ich sei verrückt geworden. Wie konnte ich eine Karriere aufgeben, die mir Werbeverträge eingebracht hatte? Einen Merchandise-Deal mit professionellen Yo-Yos, auf denen mein Name als Marke eingraviert war? Eine Karriere, die mich als Jungen aus dem Ghetto nach Amerika, China, Russland, Singapur und an viele andere Orte brachte, von denen ich vorher nie gedacht hätte, dass ich sie einmal sehen und erleben würde. Eine Karriere, die mir als frisch gebackener Abiturient direkt meinen ersten festen Job inklusive Dienstwagen eingebracht hatte, bei dem ich mehr verdiente als meine beiden Eltern zusammen. *Wie kann man so etwas einfach so aufgeben?*, dachten sie alle.

Doch ich hatte neue Träume in Auge gefasst ...

Wenn du Großes erreichen willst, darfst du dich nicht mit dem zufriedengeben, was du schon erreicht hast.

So etwas macht nur derjenige, der Mittelmaß will. Menschen, die im Mittelmaß leben, machen einmal eine Ausbildung, lesen einmal im Jahr ein Buch, fahren immer wieder an den einen Ort in den Urlaub und machen auch sonst bei allem nur das Nötigste. Wenn sie doch etwas erreicht haben, ruhen sie sich für den Rest ihres Lebens darauf aus, dass sie *damals* so toll waren und so schöne Dinge erlebt haben. Wenn du jedoch dein ganzes Leben wachsen möchtest, dich ausdehnen möchtest, Grenzenlosigkeit erfahren möchtest, dann gilt es, weiterzugehen. Das Alteingesessene immer wieder loszulassen, die Segel zu hissen und zu neuen Ufern aufzubrechen, auch wenn das Unsicherheit und das Durchqueren von stürmischen Gewässern bedeutet. Wer den sicheren Hafen nicht verlässt, kommt im Leben nirgendwo an.

Was sind deine noch unerreichten Träume? Traue dich, deinen Traum auszusprechen. Es ist nicht lächerlich. Ja, es dauert, aber der erste Schritt ist der, an dem die meisten Menschen scheitern: sich zu erlauben, überhaupt träumen zu dürfen und ihre Träume auszusprechen.

grenzenlos!

Du kannst nur ankommen, wenn du dich auf den Weg machst!

Big dreams

Ein Unternehmen gründen? Mit Immobilien handeln? Einen YouTube-Kanal starten?

Kurz nach meinem Abitur setzte ich mich hin und überlegte, was ich mit meinem Leben anfangen möchte. Mein Yo-Yo hatte ich zu dem Zeitpunkt bereits an den Nagel gehängt, denn Yo-Yo-Profi zu sein, war definitiv nicht mein Lebensziel. Nachdem ich eine lange Liste erstellt hatte, strich ich alles raus, worauf ich keine Lust verspürte. Übrig blieben drei Dinge. Dann fiel mir auf, dass ich für die ersten beiden Geld benötigen würde. Ich hatte kein Geld – erst recht nicht genug für eine Gründung oder eine Immobilie. Also blieb YouTube.

Das war völlig verrückt – selbst ich war mir dessen bewusst. Es war das Jahr 2012 und der Begriff *YouTuber* hatte sich noch nicht etabliert. Es handelte sich um einen Beruf, der so noch nicht ernst zu nehmen war. Doch für mich war es eine Option und ich wusste, dass ich damit Geld verdienen konnte, wenn ich es nur schaffen würde, einen Channel mit genügend Abonnenten aufzubauen. *Jeder* hielt mich für absolut durchgeknallt. YouTube war damals noch eine Plattform, auf der Katzenvideos und andere Kuriositäten geteilt wurden. Kaum jemand nutzte YouTube zu der Zeit für den täglichen Gebrauch. Erklärvideos waren rar gesät, bekannte Musiker waren aus Urheberrechtsgründen auf YouTube nicht nennenswert vertreten, Superstars wie Will Smith kamen erst viel später auf die Plattform und große

Unternehmen hatten damals weder einen eigenen Channel noch die Erkenntnis, dass man YouTube zu Werbezwecken nutzen könnte. Die gesamte Plattform steckte also in den Kinderschuhen.

Doch ich hatte einige Jahre zuvor eine Erkenntnis gehabt, die mein Leben verändern sollte. Ich war bei einem Gala-Event gebucht, wo ich zur Unterhaltung der Gäste ein paar Yo-Yo-Tricks auf der Bühne aufführen sollte. Backstage traf ich ein Idol von mir: Alberto. Obgleich YouTube in der Anfangszeit in Deutschland noch niemand so richtig nutzte, entdeckte ich die Plattform sehr früh, da ich dort Yo-Yo-Videos gefunden hatte. Aus Interesse begann ich, auch andere Videos zu schauen, und so traf ich auf Alberto. Er war damals, im Jahr 2009, der mit Abstand berühmteste YouTuber Deutschlands. Seine Fähigkeit war Beatboxing und anscheinend gab es viele Menschen, die seine Skills bewunderten. Aus diesem Grund war er als Entertainer zum gleichen Event eingeladen. Im Gespräch fand ich heraus, dass Alberto inzwischen von seinen YouTube-Einnahmen leben konnte. In Kombination mit Shows wie dieser war sein Einkommen sogar sehr beachtlich. So erkannte ich, dass man mit einer Kamera und etwas Kreativität auf YouTube Geld verdienen konnte, zu einer Zeit, als die Menschen noch behaupteten, YouTube sei nur eine kurzfristige Mode und würde in Kürze wieder in der Versenkung verschwinden.

Als ich drei Jahre später mein Abitur abgeschlossen hatte, das Yo-Yo an den Nagel gehängt und einen gut bezahlten Job angenommen hatte, kam diese Erkenntnis wie eine glückliche Eingebung wieder in mein Bewusstsein. Für viele war mein Job vermutlich ein vermeintlicher Traumjob, vor allem für jemanden, der gerade erst das Abitur abgeschlossen hatte. Ich leitete für meinen damaligen Arbeitgeber als 19-Jähriger allein ein Yo-Yo-Unternehmen mit Millionenumsätzen. Auch wenn das üppige Gehalt mich endlich vollständig von meinen finanziellen Sorgen befreit hatte und der Status natürlich angenehm war, wusste ich dennoch, dass ich für ein klassisches Angestelltenverhältnis langfristig nicht gemacht war.

Ich wollte mehr. Ich wollte Grenzenlosigkeit.

Ein Leben, das sich darauf konzentrierte, dass ich mich auf das Wochenende und den Urlaub freute, war eine Horrorvorstellung für mich – ich wollte mich täglich entfalten, nicht nur an zwei Tagen pro Woche.

So fokussierte ich mich wieder einmal. Na ja, nicht ganz: Ich spulte täglich meinen Nine-to-five-Job herunter, verbrachte zwei bis drei Stunden mit meiner damaligen Freundin, die todunglücklich darüber war, dass ich sie gefühlt mit ans andere Ende Deutschlands geschleppt hatte. Vom sonnigen Freiburg waren wir für meinen Job ins regnerische und »trostlose« Troisdorf bei Köln gezogen. Aber wenn die Arbeit vorbei war und ich etwas »*Quality Time*« mit meiner Freundin verbracht hatte, machte ich mich gegen Abend an die Arbeit. Ich drehte YouTube-Videos, analysierte meine YouTube-Statistiken, optimierte den Channel, recherchierte neue Themen und versuchte, alles zu lernen, was es zu lernen galt, um einen erfolgreichen YouTube-Channel aufzubauen. Um drei Uhr nachts fiel ich ins Bett, um drei Stunden später völlig übermüdet wieder aufzustehen und den gleichen Tagesablauf zu wiederholen. Tagein, tagaus. Jeden Tag, außer am Wochenende – da hatte ich dann glücklicherweise den ganzen Tag Zeit, um an meinem YouTube-Channel zu arbeiten.

Diese Zeit war alles andere als gesund. Ich hatte ein völlig unausgeglichenes Leben, aber ich wollte es schaffen! In der Möglichkeit, auf YouTube Erfolg zu haben, sah ich damals die einzige Chance auf ein eigenständiges Leben ohne

Routinejobs und ohne von irgendjemandem finanziell abhängig zu sein. Alles, was ich brauchte, waren eine Kamera und ausreichend Durchhaltevermögen, um gut genug zu werden, damit genügend Menschen meine Videos regelmäßig schauen wollten. So trank ich, um den Schlafmangel auszugleichen, täglich anderthalb Liter Energy Drink. Trotz dieser Menge an Koffein wurde ich auf dem Weg zur Arbeit einige Male fast von einem LKW erfasst, da ich auf dem Fahrrad halb eingeschlafen war. Als ich einige Monate später wegen gesundheitlicher Probleme zum Arzt ging, sagte die Ärztin zu mir: »Vor Ihnen hatte ich einen neunzigjährigen Patienten mit einem Blutdruck wie von einem Zwanzigjährigen. Sie sind zwanzig und haben den Blutdruck eines Neunzigjährigen. Wenn Sie so weiter machen, werden Sie keine dreißig Jahre alt. Was auch immer Sie tun, ändern Sie etwas!« Neben den gesundheitlichen Problemen bekam ich damals bereits meine ersten grauen Haare.

Der Besuch bei der Ärztin war mein Weckruf. Ich hörte auf, Koffein zu trinken und kündigte meinen Job. Ich konnte von YouTube zwar noch nicht leben, aber lieber würde ich mich einige Monate nur von Haferflocken ernähren, als meinen Traum aufzugeben, und zum Sterben war ich ebenfalls nicht bereit. Die nächsten Monate waren hart, aber ich war glücklich. Nun konnte ich mich voll auf YouTube konzentrieren und sogar meine grauen Haare verschwanden nach kurzer Zeit wieder. Zu meiner Überraschung ging es plötzlich auf YouTube bergauf, aus tausend Abonnenten wurden 14.000 Abonnenten, aus 14.000 Abonnenten wurden 100.000 Abonnenten. Am Anfang sagte ich zu meiner Freundin: »Schatz, du wirst es nicht glauben, ich habe heute sieben neue Abonnenten bekommen.« Irgendwann wurde daraus: »Schatz, ich habe heute 5.000 neue Abonnenten gewonnen.« Ich hatte es geschafft. Nun kam auch das Geld über die YouTube-Werbeeinnahmen. Kurze Zeit später ging ich die ersten Kooperationen mit großen Unternehmen ein.

Mehr und mehr verstand ich mit der Zeit, was die Leute sehen wollen und so spielte ich dem System von YouTube in die Karten. Innerhalb weniger Jahre mauserte ich mich zu einem der größten Kanäle auf YouTube. Zu der Zeit gab es noch nicht ansatzweise so viele große Kanäle wie heute, ich gehörte zu den Top 100 in Deutschland. Plötzlich musste ich Autogramme geben, und konnte zu bestimmten Zeiten das Haus nicht mehr verlassen, da ich sofort erkannt wurde und stundenlang Selfies und Autogramme geben musste. Ich wurde plötzlich zu Gala-Veranstaltungen nicht mehr nur als Entertainer, sondern als Gast eingeladen. Zudem bekam ich unzählige Dinge von Sponsoren geschenkt, seien es die neuesten Handys, Produkte, die noch nicht einmal auf dem Markt waren, oder exklusive Reisen. Eines Tages stand bei einem der Events Alberto wieder vor mir und ich realisierte schlagartig, wie weit ich gekommen war. Denn zu diesem Zeitpunkt hatte ich genauso viele Abonnenten wie meine damalige Ikone. Ich hatte es geschafft!

Ich lernte viele meiner Kollegen kennen, sei es Julien Bam, Unge, Open Mind und alle anderen, die damals über große Kanäle verfügten. Zudem stieß ich auf viele völlig unbekannte YouTuber, die Jahre später zu noch viel größeren Stars wurden, als ich es war, und die deutsche Popkultur dominieren würden, unter ihnen Rezo und Fynn Kliemann. Ich drehte ein Musikvideo in Hollywood und kooperierte weiter mit Großkonzernen. Und irgendwann war es dann so weit …

Ich saß in einem Zug von Mailand nach Rom. Starrte auf den Bildschirm meines Handys und sah, wie sich die Zahlen bewegten.

Plötzlich stand sie da, die Zahl,
auf die ich jahrelang hingearbeitet hatte:
1.000.000! – Eine Million!

Ich hatte es geschafft, mein großes, unvorstellbares Ziel war erreicht. Zu dem Zeitpunkt, als ich dieses Ziel gefasst hatte, gab es in Deutschland noch keine Influencer mit einer Million YouTube-Abonnenten. Nun war ich in einen kleinen, exklusiven Kreis der ersten YouTuber aufgestiegen, die genau diese Marke geknackt hatten.

Ich steckte mein Handy in die Hosentasche, schaute aus dem Fenster und fühlte … *nichts*. Nur für die Öffentlichkeit postete ich meinen Dank, weil ich das Gefühl hatte, dass dies von mir verlangt wurde, informierte meine Begleitung über dieses Ereignis und dann verbrachten wir einen ganz normalen Tag miteinander. Kein Champagner, keine Party, keine Luftsprünge.

Dennoch war ich froh, mein Ziel erreicht zu haben, doch mein Blick auf YouTube und Social Media hatte sich verändert. Am Anfang war da eine Chance, ein Traum, eine Möglichkeit, mich aus meinen Zwängen zu befreien und ein wahrhaftig selbstbestimmtes Leben zu führen. Ich hatte erkannt, dass ich etwas aufbauen konnte, ohne Geld investieren zu müssen, ohne ein abgeschlossenes Studium zu haben. Alles, was ich brauchte, waren eine Kamera und Ideen.

Doch da war auch eine andere Seite. Eine Seite, die ich erst viel später gesehen habe. Eine dunkle Seite …

grenzenlos!

Hast du Träume? Völlig unrealistische, beknackte Träume? Über alle Grenzen hinweg?

Die Illusion von Sicherheit

Zum ersten Mal im Leben fühlte ich mich zu dieser Zeit so richtig sicher. Auch wenn der Tod meiner Mutter weiterhin nicht komplett verarbeitet war, ging es mir gut. Ein wenig Leichtigkeit kehrte zurück in mein Leben. Ich hatte mich in Köln eingelebt, hatte tolle Freunde gefunden und YouTube lief so richtig fantastisch. Es kam wesentlich mehr Geld rein, als ich benötigte, und alles in meinem Leben schien sich endlich zum Guten zu wenden. Doch da war dieses ungute Gefühl. Es war wie ein dunkle Wolke, die über mir hing. Ich wusste, dass es so nicht weitergehen konnte, aber ich kannte keine Lösung.

Es war zu dieser Zeit, als mir bei einem meiner Besuche in Los Angeles plötzlich ein weltweit bekannter YouTuber über den Weg lief. Interessiert fragte ich ihn, wie es ihm geht und was er jetzt so macht. Einige Monate vorher war er aufgrund eines riesigen Skandals überall in der Welt in den Medien gewesen und hatte seitdem keine Videos mehr gepostet. Er hatte ein Video veröffentlicht, dass jenseits jeglichen guten Geschmacks war. Doch er strahlte über beide Ohren und sagte mir, dass er in Kürze ein geniales Comeback machen würde, etwas Gigantisches, etwas Bombastischeres, als YouTube je gesehen hätte. Ich wünschte ihm Glück und dachte nicht weiter darüber nach.

Zur gleichen Zeit hatte ein weiterer YouTube-Superstar ebenfalls einen riesigen Skandal: Eine Leiche baumelte von einem Baum und das komplette Internet stand gefühlt für einen Moment still. Das konnte doch nicht wahr sein? Logan Paul war mit einigen Freunden nach Japan gereist und dort in einen Wald gegangen. Dieser Wald war bekannt dafür, dass Menschen ihn aufsuchen, um dort Selbstmord zu begehen. »Fündig geworden«, lachte Logan Paul über die vom Baum hängende Leiche und veröffentlichte hemmungslos das Video von diesem Ereignis. Wenige Stunden später hatte es Millionen von Views, YouTube löschte das Video und die Medien kannten weltweit für einen Moment kein anderes Thema als YouTube und seine skandalträchtigen Influencer. Als »YouTube-Kollege« hatte ich Mitgefühl mit ihm, nicht, weil ich guthieß, was er getan hatte – im Gegenteil. Ich hatte Mitgefühl, weil ich wusste, dass es nicht bösartig gemeint war. Logan Paul war, wie ich und fast alle anderen Influencer auch, ein Opfer des Systems. Welches System fragst du dich? Darauf kommen wir später noch zu sprechen.

Auch meine deutschen Kollegen waren immer häufiger mit weniger schönen Schlagzeilen in den Medien: psychische Probleme, Krankenhausaufenthalte wegen Erschöpfung, Suizidgedanken und Burn-out. Doch woran lag das?

Skandale von Influencern gab es hierzulande ebenfalls mit zunehmender Regelmäßigkeit. War diese Häufung an negativen Ereignissen und Schlagzeilen ein Zufall oder gab es einen Zusammenhang? Hatte alles einen tieferen Grund? Dies waren sehr unbequeme Fragen, die ich mir zu dieser Zeit anfing zu stellen. Ich wusste, dass YouTube nicht perfekt ist. Doch je mehr ich hinschaute, desto größer wurde der Abgrund, der sich vor mir auftat. YouTube war nicht das, wofür ich es am Anfang gehalten hatte. Es war plötzlich von einer Chance zu einem Monster geworden. Ein Monster, das bereit schien, mich zu verschlucken. Nein, genau genommen hatte es mich schon in seinem Maul, ich war nur noch nicht komplett hineingerutscht. Doch was sollte ich nun tun?

Gebe ich mich diesen zerstörerischen Mächten hin, oder laufe ich einfach davon?

Diese Frage war nicht leicht zu beantworten. Schließlich ging es mir zum ersten Mal in meinem Leben wirtschaftlich gut, meine Lebensumstände waren in jeglicher Hinsicht grandios und mein Status war beträchtlich. Von außen betrachtet lebte ich ein Traumleben mit tollen Reisen, exklusiven Gala-Veranstaltungen, vielen Fans und scheinbar allem, was das Herz begehrt. Ich wurde behandelt wie ein Star. Vielleicht hast du es schon einmal erlebt, dass du einer bekannten Persönlichkeit begegnet bist? Viel Aufmerksamkeit, viel Sonderbehandlung, jede Tür steht einem scheinbar offen. So wurde auch ich plötzlich behandelt.

Das Wichtigste war jedoch: Zum ersten Mal im Leben verspürte ich ein Gefühl von echter Sicherheit. Ich hatte genug Geld, denn sowohl die YouTube-Einnahmen als auch Sponsorengelder fingen plötzlich an zu fließen. Zudem hatte ich mehr als genügend Kleidung, eine riesige Wohnung mit Blick über den Rhein und mit meinem YouTube-Kanal eine Arbeit, die mir wirklich Spaß machte. Doch was ist all das wert, wenn man dafür seine Seele verkauft?

Eines Tages ging ich auf YouTube und sah erneut einen Skandal. Ein Influencer hatte für ein Prank-Video, also einen Streich, etwas »Spektakuläres« gepostet. Gemeinsam mit Komplizen entführte er zwei seiner Freunde. Derjenige, der in die Situation eingeweiht war, wurde vor den Augen des anderen auf dem Dach eines Hochhauses hingerichtet. Alles war wie in einem schlechten Mafia-Film inszeniert. Nur, dass einer dabei war, der dachte, die Szene sei echt und sein bester Freund sei gerade von einem anderen seiner Freunde erschossen worden. Die Medien, die Zuschauer und YouTube waren sich in diesem Fall ausnahmsweise einmal einig: Diese Art von Content ist nicht akzeptabel. Das Video wurde von der Plattform verbannt und der YouTuber beendete endgültig seine Karriere. Es war derjenige, der mir in L.A. von seinem gigantischen Comeback erzählt hatte … und die große Idee, von der er gesprochen hatte, war dieses perverse Video.

Diese Aneinanderreihung von Ereignissen war einer der Auslöser, warum ich mich kurze Zeit später entschied, meinen YouTube-Kanal bis auf Weiteres aufzugeben. Denn wo die Medien den schlechten Geschmack einzelner Zuschauer und schlecht erzogener Millennials als Grund für solche »Ausrutscher« sahen, die Zuschauer zwar abschreckten, aber irgendwie auch faszinierten, dort hatte ich einen anderen Einblick. Ich kannte die dunkle Seite von YouTube und Social Media, ich hatte Einblicke, die weder die Zuschauerinnen und Zuschauer noch die Medien verstanden haben. Denn all die Skandale und Schreckensnachrichten von meinen Kollegen waren kein Zufälle – sie hatten System. Dazu erzähle ich euch im nächsten Kapitel noch mehr. Doch es sind Dinge passiert, die mich tief erschütterten und mich nicht mehr losließen.

Ich wusste, dass ich mich aus den Fängen dieses Monsters befreien musste. Also tat ich genau das und gab ein weiteres Mal eine Tätigkeit, bei der ich zu den Besten und Erfolgreichsten gehörte, auf und ließ sie hinter mir. Die Folge war: Ich hatte plötzlich kein Leben mehr, das sich 24/7 nur um Social Media drehte – im Gegenteil, ich löste mich zunächst völlig von YouTube und Social Media. Ich fühlte mich gezwungen, diesen Schritt zu gehen, denn eins war mir durch die zahlreichen Skandale und Schicksalsschläge im Umfeld von YouTube klar geworden: Ich musste dem Monster entkommen« bevor es auch mich zerstörte. Burn-out, psychische Probleme und Skandale wären sonst wohl Dinge gewesen, die auch mich eingeholt hätten.

So kam ich in die Situation, mich noch ein weiteres Mal in meinem Leben mit meiner Angst vor Armut auseinandersetzen zu müssen. Die ganze Sicherheit, die ich mir aufgebaut hatte, schien von heute auf morgen weg zu sein. Kein You-Tube mehr und somit auch keine Einnahmen, keine Sponsoren, keine Gala-Veranstaltungen, keine Aufmerksamkeit. Wieder einmal Realitätsverlust. Wieder einmal etwas, das mir genommen wurde. Wieder einmal das Gefühl, allein zu sein. Diesmal nicht durch den Tod einer geliebten Person, sondern durch eine bewusste Entscheidung. Klar, ich war nicht mehr im Ghetto, ich hatte etwas aus meinem Leben gemacht, aber jetzt hatte ich alles wieder aufgegeben, losgelassen. Ich fühlte mich, als würde ich in ein tiefes Loch fallen.

Auch wenn diese Entscheidung eine bewusste war, hatte ich zunächst keine Ahnung, wie ich damit umgehen sollte. Doch wie durch einige mystische Fügungen durfte ich plötzlich eine Erkenntnis machen, eine Erkenntnis, die mein Leben völlig neu definiert hat und auch dein Leben komplett neu ausrichten kann, wenn du bereit bist, sie ebenfalls anzunehmen. Diese Erkenntnis lautet:

Sicherheit ist eine Illusion.

Vermutlich bist du in Bezug auf Sicherheit mit ähnlichen Glaubenssätzen aufgewachsen wie ich. Fast alle Deutschen sind das. Wir bekommen von Kind auf überall eingetrichtert, dass wir für Sicherheit sorgen sollen: ein »sicherer« Job, für alles eine Versicherung, immer schön sparen, auf den Einkauf 24 Monate Garantie, nach Anbruch der Dunkelheit nicht durch die einsame Gasse gehen, jährlich zur Vorsorge beim Arzt und immer schön die Haustür abschließen. Das Phänomen, das wir Deutsche so verängstigt und sicherheitsbedürftig sind hat sogar einen international verbreiteten Begriff: *German Angst.* Viele Ängste bedürfen vielleicht professioneller Hilfe, sind erlernte Ängste, die wir von klein auf gepflegt haben. Im Kern sind Ängste eigentlich etwas Gutes:

Sie helfen uns, aus Gefahrensituationen herauszukommen. Doch wir kreieren an allerlei Ecken Ängste, wo überhaupt keine Gefahren sind.

Aus dieser Angst heraus denken wir, dass wir uns absichern müssten, immer möglichst den »sicheren« Weg gehen sollten und für alles Vorsichtsmaßnahmen treffen müssten. Nun möchte ich nicht zu unverantwortlichem Handeln auffordern und denke, dass elementare Vorsorgemaßnahmen durchaus sinnvoll sind – ich war erst kürzlich zu einer Vorsorgeuntersuchung beim Arzt. Auch Rücklagen sind etwas Gutes und sich grundlos Gefahren auszusetzen, ist keine gute Idee. Dies ändert jedoch nichts an der Realität, dass Sicherheit nicht existiert. Sicherheit ist eine komplette Illusion, eine Fantasie, mit der wir uns zu beruhigen versuchen. Fast alle Menschen auf der Welt haben keinerlei Versicherungen, keine Rücklagen und auch sonst keine Absicherung und trotzdem geht es vielen von ihnen gut – sie sind glücklich, erfüllt, gesund und unversehrt: alles, was im Leben wirklich zählt. Umgekehrt gibt es unzählige Beispiele von Menschen, die genug Geld für mehrere Lebzeiten verdient haben und trotzdem alles verlieren. Menschen, die zehn Airbags im Auto haben und zu Hause von der Leiter fallen. Menschen, die immer brav die Haustür abschließen, damit ja niemand eindringen kann und dann kommt ein Brand oder ein Wasserschaden. Die wesentliche Erkenntnis ist:

Ja, schlimme Dinge können passieren, aber sie passieren äußerst selten und fast nie so, wie wir sie erwarten.

Fakt ist außerdem, dass das Leben immer weitergeht und wir für alles eine Lösung finden. Oder meinst du etwa nicht? Vermutlich bist du jetzt skeptisch und hinterfragst alles, was ich in den letzten Zeilen geschrieben habe. Das verstehe ich, mir ging es zunächst auch so. Unsere *German Angst* ist halt hartnäckig. Doch denke an dieser Stelle einmal an die schlimmsten Tage deines Lebens: an den Tod einer geliebten Person, an Krankheit, Geldsorgen, Trennung, Kündigung, Unfall, Trauma. Was dir auch alles schon passiert ist, du kannst ein dreiteiliges Muster aus jedem dieser Ereignisse erkennen, egal wie furchtbar es gewesen sein mag:

- Du lebst noch.
- Das Leben ging jedes Mal weiter.
- Nach dem Tiefpunkt geht es immer bergauf.

Auch Menschen, die ganz schlimme Schicksalsschläge erleben, berichten davon. Kürzlich habe ich mit jemandem gesprochen, dessen Kind mit zwölf Jahren einen schweren Fahrradunfall hatte, daraufhin einen Monat auf der Intensivstation lag und nur knapp überlebt hat. Das ist zwanzig Jahre her und der Sohn ist seitdem schwerbehindert. Dies war eine extrem schwierige Situation für den Jungen, die Eltern, die Geschwister und das gesamte Umfeld. Doch heute geht es ihnen allen gut und sie haben einen besonderen Familienzusammenhalt. »Du kannst in so einer Situation nur weiterleben und das Beste daraus machen, dann wird irgendwann alles wieder gut«, sagte er zu mir.

Du erkennst also, dass auch die schlimmsten Lebenskrisen nur vorübergehend sind und nach der kältesten und dunkelsten Nacht immer wieder irgendwann die Sonne aufgeht. Egal wie hart einen das Leben trifft.

Nun stelle dir folgende Frage:

Hättest du deine schlimmsten Tage vermeiden können?

Könnte dir die beste Lebensversicherung der Welt den Verlust eines geliebten Menschen ersetzen? Was wäre dir ein Ehevertrag wert, wenn die Liebe nicht mehr da ist? Wir erkennen anhand dieser Fragen leicht: Sicherheit können wir nicht kaufen, wir können uns höchstens einreden, wir hätten mehr Sicherheit, indem wir Verträge schließen und Vorkehrungen treffen. Letztendlich beeinflussen wir dadurch jedoch nicht den Lauf der Dinge.

Nun kommen wir zu einer weiteren essenziellen Frage: Hat es sich jemals gelohnt, dir Sorgen um etwas zu machen? Die Antwort ist ganz einfach und ich nehme sie dir an dieser Stelle gerne ab, denn sie lautet klar *Nein*.

Ein Freund wurde kürzlich von seiner großen Liebe verlassen. Nach elf Jahren Beziehung hatte sie jemand anderes kennengelernt. Er war verständlicherweise am Boden zerstört und ging eine Weile lang wie ein Häufchen Elend durch die Welt. Abgesehen von der Trauer um die verlorene Liebe hatte er sich nun zusätzlich Sorgen gemacht, indem er sich fragte: *Was ist, wenn ich nie wieder eine neue finde?* Nach einer kurzen Phase der Verzweiflung merkte er plötzlich, dass es sich um eine selbsterfüllende Prophezeiung handelt, wenn er weiterhin zu Hause sitzen und Trübsal blasen würde. Also fing er an, wieder Frauen zu treffen, auf Dates zu gehen und sein Schicksal selbst in die Hand zu nehmen. Plötzlich waren die Sorgen weg und die verlorene Beziehung schnell vergessen. Er erkannte, dass er sich seine Umstände zwar nicht ausgesucht hatte, sich Sorgen zu machen aber nicht die Lösung war. Die Sorgen machten alles noch schlimmer. Stattdessen realisierte er, dass er die Dinge tun musste, die zu seinem gewünschten Ergebnis führen. So fing er an, nach einer neuen Partnerin zu suchen, und die Sorgen waren weg.

Wir alle können uns seine Erkenntnis zunutze machen, indem wir uns in Momenten der Sorge und Angst die Frage stellen: *Was kann ich jetzt tun, damit das eintritt, was ich wirklich will?*

Selbstverständlich gibt es auch Schicksalsschläge, die du vermeiden kannst, indem du sinnvolle Vorkehrungen triffst. Spar ein wenig Geld und investiere es, ernähre dich gesund, mach Sport, schließe eine Krankenversicherung ab und sei gut zu anderen Menschen. Damit hast du alle Vorkehrungen getroffen, die du sinnvoll treffen kannst. Du kannst nun mit wirtschaftlichen Rückschlägen umgehen, du bleibst fit und gesund, du kannst dich vernünftig behandeln lassen, solltest du dich mal verletzen oder trotz gesunden Lebensstils krank werden, und du hast Menschen, die dir wohlgesonnen sind, wenn du auf Hilfe angewiesen bist. Dies sind die einzig sinnvollen Schutzmaßnahmen, für die du sorgen kannst. Alles andere ist eine Illusion von Sicherheit. Alles andere entsteht nur aus deiner *German Angst* – oder aus welcher Form von Angst auch immer. Und wie wir alle wissen:

Angst ist nie ein guter Ratgeber.

Aber selbst, wenn du alles getan hast, was du tun kannst, ist die Vorstellung von Sicherheit nur eine Illusion. Denn wer sagt, dass das Geld noch etwas wert ist, wenn du es brauchst? Oder dass die Bank nicht pleitegeht, bevor du dein Geld abheben willst? Gleiches gilt für deine Krankenversicherung. Auch der Sport und der gesunde Lebensstil bringen dir wenig, wenn du irgendwann von einem Bus überfahren oder vom Blitz getroffen wirst.

Du erkennst, dass es keinerlei Sicherheit gibt. Sicherheit ist in jeglicher Hinsicht eine Illusion. Das Verblüffende aber ist ein erstaunlicher Zirkelschluss: Gerade diese Erkenntnis, dass Sicherheit eine Illusion ist, bringt dir mehr Sicherheit als jegliche Form von »Absicherung.« So war es zumindest bei mir. Als ich erkannte, dass ich meine schlimmsten Tage allesamt überlebt habe, dass ich für jedes Problem immer irgendwie eine Lösung fand und das Leben stets irgendwie weiterging, konnte ich meine Angst vor dem Unbekannten endlich loslassen. Denn in Wahrheit ist diese Angst, dass etwas passieren kann, das Schlimmste. Wenn der schlimmste Fall eintritt, dann musst du ohnedies damit umgehen. Und weil man keine andere Möglichkeit hat, tut man es auch. All die Zeit davor aber, wo Existenzängste, Verlustängste oder Sorgen dich belastet haben, waren in Wahrheit Angst davor, dass du nicht wusstest, ob etwas passieren wird oder nicht.

Ängste vor Unsicherheit, vor Unbekanntem
dürfen wir einfach loslassen.

Dieses Loslassen ermöglichte mir, meine YouTube-Karriere weitestgehend hinter mir zu lassen und nach vorne zu blicken, ohne zu wissen, was als Nächstes kommen würde.

Was ich mir mit YouTube aufgebaut hatte, hatte mir zum ersten Mal in meinem Leben ein Gefühl von Sicherheit gegeben und nun hatte ich es wieder losgelassen. Dieser Akt hat mir mehr Sicherheit gegeben, als ich mir jemals hätte erträumen können. Meine Erkenntnis, dass Sicherheit eine Illusion ist, führte nämlich unweigerlich zu einem tiefen Gefühl: zu *Selbstsicherheit*.

Ich saß an meinem Schreibtisch, hatte meinen Laptop gerade zugeklappt und mir war bewusst, dass ich damit auch ein Kapitel meines Lebens schloss – dieses erste Kapitel, dass mir ein Gefühl von Sicherheit gegeben hatte. Dann ging ich ans Fenster und überblickte die Stadt, er war bereits dunkel. Lichter, Autos, Menschen. Plötzlich sah ich, dass jeder von ihnen jederzeit einen Schicksalsschlag erleiden kann. Einen Verkehrsunfall, einen plötzlichen Tod, eine Krankheit, eine Trennung – was auch immer. Allen kann dies passieren, auch mir selbst. Niemand ist sicher. Meine Mutter war es nicht, ich bin es nicht, du bist es nicht. Ich holte tief Luft und entspannte mich. Ich ging voll in diesem Moment auf, denn ich realisierte, dass ich mein Schicksal nicht kontrollieren kann. Weder kann ich die Vergangenheit ändern noch in die Zukunft schauen. Das Einzige, was ich habe, ist der jetzige Moment.

Nun kann ich mich entscheiden, ob ich diesen Moment verschwende, um mir Sorgen zu machen, oder ob ich ihn nutze, um mein Leben zu gestalten. Lasse ich mir Angst machen, weil ich die Erkenntnis hatte, dass es keine Sicherheit gibt, oder nutze ich diese Einsicht als Chance? Ich entschied mich für Zweiteres. So wurde ich zur Quelle eines neuen Gefühls von Sicherheit. Nicht, weil ich mir einredete, dass es Sicherheit gäbe, sondern weil ich mich von dieser Illusion befreite und mir fortan erlauben würde, jeden Moment meines Lebens wirklich zu leben.

Nimm dir Zeit, über dich nachzudenken. Du bist hier, du hast alle bisherigen Rückschläge und Probleme in deinem Leben gemeistert und soweit lösen können. Du kannst das finden, wonach du in deinem Bedürfnis nach Absicherung eigentlich gesucht hast: *Entspannung*. Du kannst dich entspannen, da du weißt, dass du jedes Problem in der Vergangenheit gelöst hast, sodass du heute noch immer existierst. Diese Erkenntnis führt unweigerlich zu der Einsicht:

Du selbst bist die einzige Versicherung, die es für dich wirklich gibt.

Wie du mit Problemen und Situationen umgehst, liegt zu einem großen Teil bei dir. Mein Co-Autor Florian war kürzlich im Urlaub in der Karibik. Plötzlich brachen politische Unruhen aus. Es wurden Straßenblockaden errichtet, Geschäfte angezündet, Waffenläden geplündert. In den Nachrichten kam eine Horrorstory nach der anderen. Als er mich von dort anrief und erzählte, dass er etwas länger als geplant dort bleiben müsse, weil die Flüge gestrichen seien, war er ganz entspannt. Er berichtete, dass es ihm gut gehe und er in der Sonne unter Palmen das »Paradies« genieße. Im Fernsehen hingegen sahen die Bilder eher nach Bürgerkrieg aus. Florian hatte sich die Umstände nicht ausgesucht und hätte sich auch freiwillig nicht in so eine instabile Umgebung begeben. Nun war er aber dort und machte das Beste draus. Er hatte erkannt, dass er die Welt und die Umstände um ihn herum nicht verändern kann, aber seine Reaktion auf diese Umstände hatte er sehr wohl in der Hand. Wir alle haben das, in jedem Moment unseres Lebens, egal wie schön oder herausfordern dieser Moment sein mag.

Du kannst vielleicht nicht unmittelbar beeinflussen, dass du einen Menschen verlierst oder verlassen wirst, dass die Miete teurer wird, dein Chef dich nervt oder ganz banal, dass du einen doofen Pickel hast. Was du aber immer in der Hand hast, ist, wie du mit einer Situation umgehst. Es liegt an dir, ob du zum Beispiel deine Trauer annimmst, wie du eine Trennung verkraftest oder ob du dir helfen lässt, ob du dir einen Nebenjob oder eine neue Wohnung beziehst. Ob du das Gespräch mit deinem Chef suchst oder nach einem anderen Aufgabengebiet Ausschau hältst und ob du deinen Pickel ignorierst oder genug Selbstbewusstsein aufbaust, um zu wissen, dass keiner perfekt ist. Denn *du* hast die Lösung für jede deiner Herausforderungen in dir und nur du kannst sie tatsächlich lösen – egal wie viel Sicherheit du dir von anderen erkaufen möchtest. Du hast die Möglichkeit, dein Leben jederzeit so zu gestalten, wie du es gestalten möchtest, du hast die Möglichkeit, an die Orte zu gehen, an denen du dich aufhalten möchtest, und du hast die Möglichkeit, dich mit den Menschen zu umgeben, mit denen du Zeit verbringen möchtest.

Du bist deine Sicherheit. Die einzige Sicherheit, die keine Illusion ist. Lass also deine *German Angst* los, erkenne, dass Sicherheit eine Selbsttäuschung ist. Vertraue auf dich selbst und darauf, dass alles wieder gut wird. Denn wie schon der brasilianische Schriftsteller Fernando Sabino sagte: »Am Ende ist immer alles gut und wenn es noch nicht gut ist, dann ist es noch nicht das Ende.«

grenzenlos!

Wovor hast du Angst?
Was hält dich zurück?

Blick in den Spiegel!

Die Gefahr von Social Media

Nichtsahnend schaltete ich nach meiner Morgenmeditation mein Handy ein und plötzlich erschienen unzählige Nachrichten auf meinem Display. »Geht es dir gut?«, »Kojo, meld dich bitte!«, »Alles in Ordnung bei dir?«, »Lebst du noch?« – Komische Fragen, dachte ich bei mir selbst. Ich rief einen der Freunde zurück. Mit aufgeregter, besorgter Stimme nahm er ab: »Kojo, du lebst! Bin ich froh, von dir zu hören, im Internet behaupten sie, du seist gestorben.«

Es stellte sich heraus, dass irgendjemand auf Social Media behauptet hatte, ich sei tot. Das Gerücht wurde verbreitet und plötzlich bekamen meine Freunde und Familie Nachrichten auf Instagram und Facebook, in denen meine Fans fragten, ob dieses Gerücht stimmen würde. Wenn man meinen Namen auf Google eingibt, erscheint bis heute als erstes Autocorrect bei Google: *Kojo Boison Todesursache?*

Ich rief meine Familie und alle engen Freunde an, sodass sich keiner weiter Sorgen machen musste, und dann dachte ich darüber nach, wie gut die Entscheidung gewesen war, von Social Media so unvermutet Abstand zu nehmen. Auch dieser Vorfall war wieder eine Reaktion des Monsters gewesen. Und in diesem Moment realisierte ich zum ersten Mal bewusst, dass ich nicht mehr in seinen Fängen war. Nun fragst du dich sicherlich: Warum redet Kojo in Bezug auf YouTube und Social Media von einem Monster, das ihn zerstörte? Nun, dafür muss ich dich in die dunkle Seite des Internets einführen. Nein, ich meine damit nicht das Dark

Net – ich rede von dem offenen und freien Internet, das auch du jeden Tag nutzt. Denn es gibt einen Grund für schlechte Streiche, Sensationshascherei, psychische Probleme in der Jugend von heute, Suizide und immer skurriler werdende Skandale – manche davon bewusst erzeugt, andere durch Leichtsinn oder Rücksichtslosigkeit entstanden. Dieser Grund ist das System YouTube und das System Social Media. Es ist ein System, das automatisch kranke Verhaltensweisen, gestörte Persönlichkeiten und Skandale hervorbringen muss. Denn das System, auf das die Social-Media-Plattformen aufgebaut sind, Algorithmus genannt, will es so.

Wir alle sind in seinen Fängen, du, ich und jeder andere, der Social Media nutzt. Das ist weder gut noch schlecht, es ist schlichtweg eine Feststellung – wir müssen nur die Entscheidung treffen, ob wir uns dem Monster hingeben wollen und damit einen Teil unseres Lebens verschenken, oder ob wir uns aus seinen Fängen befreien. Das ist keine leichte Entscheidung, ich selber kämpfe jeden Tag damit. Doch es ist eine freie Entscheidung, die du nach dem Lesen dieses Kapitels bewusst treffen kannst. Aber erst mal eins nach dem anderen …

Erst einen Tag, bevor ich diese Zeilen hier geschrieben habe, wurde ich mal wieder mit dem Social-Media-Monster konfrontiert. Ich war in Wien in der Lobby einer Unterkunft, plötzlich erkannte mich ein Fan und sprach mich an. Voller Bewunderung fragte er mich nach Tipps, wie er denn am schnellsten berühmt werden könnte. Er war achtzehn Jahre alt und sein Traum war es, Rapper zu werden. Er wollte sich – wie es heutzutage meistens gemacht wird – über Social Media Bekanntheit für seine Musik schaffen. Nachdem wir kurz geplaudert hatten, erzählte er mir von seinem Masterplan. Seine Idole seien mitunter Tekashi69, ein Skandalrapper, der im überall im Gesicht und am ganzen Körper unzählige Male die Zahl 69 tätowiert hat, und Lil Uzi Vert, ein Rapper, der sich einen 24-Millionen-Dollar-Diamanten auf die Stirn hat implantieren lassen. Der Masterplan dieses jungen Mannes war es nun, sich seinen Arm amputieren zu lassen, um ihn durch eine Prothese aus Gold ersetzen zu lassen ... Ja, wahrscheinlich staunst du jetzt genauso, wie ich es getan habe. Für ihn jedoch war die Sache völlig logisch. Schließlich sei am Beispiel seiner Idole Tekashi69 und Lil Uzi Vert zu erkennen, dass derjenige am meisten Aufmerksamkeit bekäme, der die Öffentlichkeit am krassesten schockiert. Nur wenn er auf schockierende Art und Weise Aufmerksamkeit bekommt, so die Schlussfolgerung des jungen Musikers, könne er ein erfolgreicher Rapper werden.

So weit war es nun schon gekommen, dachte ich. Ich musste mich erst mal wieder fangen und einen klaren Gedanken fassen.

Das Monster scheint nirgendwo Halt zu machen.

Nicht bei der Psyche der Menschen, nicht beim gesellschaftlichen Zusammenleben, nicht bei unserer Demokratie, offensichtlich nicht einmal bei dem menschlichen Bedürfnis nach die Unversehrtheit des eigenen Körpers.

Das Monster ist ein System, das zerstört. Und das Heimtückische ist, dass es nicht einmal die Intention hat, zu zerstören – daher fallen auch so viele Menschen auf das Monster herein, genauso wie ich es damals getan habe. Lass mich von meiner Erfahrung mit dem Monster erzählen: Zunächst war es spannend. Ich war mit YouTube gestartet und alles war neu, alles war cool und ich fühlte mich, als sei ich Teil einer frühen Goldgräberbewegung, die gen Westen zog. Alle, die damals professionell Social Media machten, waren sich darüber bewusst, dass es etwas Großes werden würde, waren sich sicher, dass sie Gold finden würden. Sie wussten nur noch nicht genau wo, wann und wie. Genauso ging es mir. Irgendwann kam der Erfolg. Die vielen Stunden des Ausprobierens, Zuschauerstatistiken-Analysierens und Formate-Testens hatten sich gelohnt. Ich war auf Gold gestoßen und einige andere Influencer ebenfalls. Wir wussten, dass wir früh dabei waren, also hieß es, so viel Gold wie möglich zu schürfen, bis die große Masse nachziehen und der Markt mit Nachzüglern überschwemmt werden würde. Also machte ich, was funktionierte: Ich spielte dem System YouTube in die Karten. Das ist das Erfolgsgeheimnis von Social Media, du findest heraus, was das System (Algorithmus genannt) will und dann wiederholst du dies so häufig wie möglich. Das System will Videos, die geklickt und geschaut werden. Es muss also einen möglichst reißerischen Titel geben, ein Thumbnail (Anzeigebild), das Fragen aufwirft und somit Interesse erweckt, und einen Inhalt, der so strukturiert ist, dass so viele Zuschauerinnen und Zuschauer wie möglich das Video von Anfang bis Ende anschauen. Denn die Plattform will schließlich jeden Zuschauer so lange wie möglich binden. Je länger du bleibst, desto mehr Werbung kann dir gezeigt werden, desto mehr Geld verdient die Plattform. Der Algorithmus spült die Inhalte in deiner Timeline nach oben, die von anderen sehr oft geklickt und möglichst lange angeschaut wurden. Jeder Influencer versucht also, Videos zu machen, die dem Algorithmus möglichst gut in die Karten spielen. Ich habe mich damals für unnützes Wissen interessiert. Zu dem Zeitpunkt gab es einen Trend, dass Zuschauer diese Art von Videos besonders gerne geklickt haben. So habe ich Videos produziert wie »10 TV-Werbungen, die heute verboten sind« oder »5 Internet-Trends, die zu weit gingen« – der Algorithmus hat mich dafür geliebt, denn ich habe ihm geholfen, die Aufmerksamkeit der Menschen zu binden.

Ich habe das gemacht und alle erfolgreichen Influencer und Influencerinnen, die du kennst, haben das ebenfalls getan. Genaugenommen ist es wie bei jedem anderen Job auch: Man findet heraus, was in der Branche funktioniert, wie das System läuft und dann wiederholt man diesen Prozess immer wieder aufs Neue. Nur, dass auf Social Media alles etwas anders läuft als in der freien Wirtschaft.

Auf Social Media bist du nicht wirklich frei, im Gegenteil, du bist in den Fängen des Systems, in den Fängen des Monsters.

Wenn du nicht tust, was es von dir verlangt, wirst du im Handumdrehen von ihm vernichtet und hast nie wieder eine Chance. Dieses System ist der Algorithmus und der ist darauf ausgelegt, dass Inhalte ausgespielt werden, die dafür sorgen, dass der Nutzer so lange wie möglich auf der Plattform bleibt. Denn je länger du auf der Plattform bleibst und Inhalte ansiehst, desto mehr Geld verdient die Plattform mit Werbung, die dir zwischendurch gezielt gezeigt wird. Das ist das Geschäftsmodell von YouTube, Facebook, Instagram, TikTok, Twitter und den meisten der anderen Social-Media-Plattformen. Sie wollen alle dafür sorgen, dass du die App öffnest und so lange wie möglich einen Post nach dem anderen konsumierst, sodass die Plattform ihre Werbeeinnahmen und damit ihren Umsatz maximieren kann.

Vielleicht kennst du das: Eigentlich willst du nur eine Nachricht von einer Freundin beantworten, also machst du deine Instagram-App auf und plötzlich erregt ein Post auf deiner Timeline deine Aufmerksamkeit, dann scrollst du runter, findest mehr Spannendes, klickst du auf ein Profil, schaust es dir an, gehst zurück auf die Timeline und so weiter. Ehe du dich versiehst, sind zwanzig Minuten vergangen. Dann schließt du die App und dir fällt ein, dass du dein eigentliches Vorhaben noch gar nicht umgesetzt hast. Also öffnest du die App wieder, um nun endlich die Nachricht zu versenden, doch wiederum bleibst du bei einem spannenden

Post hängen und der Kreislauf beginnt von vorn. Doch was muss passieren, damit du so lange wie möglich vor deinem Bildschirm hängst? Richtig! Die Influencer müssen Dinge posten, die dich in ihren Bann ziehen. Das System, der Algorithmus, das Monster konditionieren also nicht nur dich, so viel Zeit wie möglich zu verschwenden, indem du dir Katzenvideos, Fails, Skandale und Verschwörungstheorien reinziehst. Der Algorithmus möchte den Influencer dazu erziehen, genau diese Dinge zu posten. So hat es System, dass Influencer immer krassere Dinge posten, seien es Videos aus dem Selbstmord-Wald, Verschwörungstheorien, Videos über psychische Probleme – oder eben der auf der Stirn implantierte Diamant. Auch Skandale, Sex und Angst funktionieren natürlich immer. Hauptsache, der Zuschauer macht den nächsten Klick. Hauptsache, der Algorithmus ist zufrieden, weil du länger dableibst und das System dir mehr Werbung präsentieren kann. Vielleicht hast du nun den Einwand, dass es Tratsch und Trash schon immer gab, sei es im persönlichen Gespräch, in Klatschmagazinen im TV oder in der Boulevardzeitschrift. Das stimmt, doch hier gab es keinen Algorithmus. Der Leser hat den Trash gelesen und irgendwann war die Zeitschrift durchgelesen. Dann ging er wieder in die Natur, hat sich mit Freunden getroffen, oder Zeit mit der Familie verbracht. Der Algorithmus hingegen ist wie ein schwarzes Loch: Die Inhalte hören nie auf und sie werden immer extremer. Während Klatschmagazine oder das Boulevard-TV zumindest gewissen journalistischen Standards unterworfen ist, kann auf Social Media jeder alles behaupten – egal ob wahr oder falsch, egal ob informierend oder manipulierend. Und auch hier werden die Extreme zunehmend krasser, denn wie wir bereits beleuchtet haben: Der Algorithmus belohnt das, was am meisten Aufmerksamkeit bindet. Leider ist das meistens das Extremste von allem.

Diese Dynamik führt dazu, dass alles zunehmend extremer wird. Diese Dynamik hat dafür gesorgt, dass Rapper sich einen Arm amputieren lassen wollen, sie hat unterstützt, dass Donald Trump Präsident wurde, sie hat mitinitiiert, dass Menschen das Capitol in Washington gestürmt haben, als Trump wieder abgewählt wurde, sie hat zum Selbstmord von Kasia Lenhardt, der Exfreundin von Jérôme Boateng, beigetragen. Diese Dynamik zerstört die menschliche Psyche und das Leben von Menschen. Warum kann ich das sagen? Weil ich es am eigenen Leib erfahren habe. Mit der Zeit wurde alles immer krasser. Die Inhalte, die ich posten musste, um das System weiter zu füttern und zufriedenzustellen, mussten mehr und mehr polarisieren, sonst hat es mir keine Views gegeben – also kaum jemand wurde überhaupt darauf aufmerksam gemacht, dass ich etwas Neues hochgeladen hatte. Plötzlich bekam ich nur noch ein Zehntel der Aufrufe, die ich sonst bekam. Klar hat mich keiner zu irgendetwas gezwungen. Doch wenn ich etwas hochgeladen habe, das mir persönlich gefiel, aber nicht in das Raster dessen, was ich bisher veröffentlicht hatte, passte, wurde ich vom Algorithmus damit bestraft, dass meine Videos kaum noch Aufmerksamkeit erhielten. Ich musste mich also den Anforderungen des Algorithmus anpassen, um erfolgreich zu sein. Immer häufiger posten, immer krassere Bilder zeigen, immer heftigere Inhalte machen.

An ein Video mit dem Titel »*10 Vorfälle, die Menschen tatsächlich überlebt haben*« ist mir noch gut in Erinnerung. Ein Titel, der perfekt für den Algorithmus ausgelegt war. Das Anzeigebild, für das ich mich entschieden hatte, war noch perfekter: Ein Mensch, der gerade von einer Brücke sprang. Die Sache hatte nur einen Haken: Der Mensch auf dem Foto hat in Wirklichkeit gar nicht überlebt. Obwohl ich mir darüber bewusst war, war die Hauptsache, zu polarisieren. Bei einem anderen Video wählte ich ein Bild von jemandem, der zwar tatsächlich überlebt hatte, das Bild war aber dennoch extrem. Der Mann hatte versucht, sich mit einer Pumpgun umzubringen, dabei hatte er sich zwar die Hälfte des Kopfes weggeschossen, doch er war nicht gestorben. Das Bild zeigte nun diese Person mit einem »halben« Kopf, von der die eine Seite normal aussah und die andere Seite fehlte und völlig vernarbt war.

Irgendwann hielt ich inne und erkannte, wie weit ich mich von meinen Werten weg entwickelt hatte.

Ich erkannte zum ersten Mal das Monster und wie es mich beeinflusste. Wie konnte es sein, dass ich plötzlich Inhalte veröffentlichte, die nur dazu da waren, zu schockieren? Es gab einen einfachen Grund: Das System signalisiert dir mit jedem Upload klar: Du kassierst, wenn du polarisierst. Oder etwas krasser ausgedrückt: Entweder du schockierst oder du verlierst.

Nun wäre es ein Leichtes, YouTube, Facebook, Twitter und andere Plattformen zu verteufeln und ihnen diese Dynamik zum Vorwurf zu machen. Das ist jedoch zu kurz gegriffen. Denn ich vermute, dass auch die Menschen, die diese Algorithmen programmiert haben, nicht vorhersehen konnten, wie zerstörerisch die Auswirkungen sein würden. Denn der Algorithmus ist einfach nur darauf programmiert, interessante Inhalte mit Reichweite zu »belohnen« und uninteressante Inhalte mit dem Verschwinden in der Bedeutungslosigkeit zu »bestrafen«. Der Algorithmus interessiert sich dabei wenig darum, was der Inhalt ist, denn letztendlich ist es ein Roboter, der sich in einer Rechnerfarm befindet und weder Gefühle noch Gedanken hat – er wurde nur programmiert, um das zu fördern, was funktioniert. Das Problem an der ganzen Sache ist unsere menschliche Psyche. Jeder von uns wird als Erstes von extremen und stimulierenden Dingen angezogen. Angst, Schock, Skandale, extreme Aussagen, Sex und alles, was unser Gehirn kurzfristig reizt. Beobachte mal dein eigenes Verhalten und das deiner Freunde auf Social Media. Niemand klickt den langweiligen Titel mit dem langweiligen Bild. Solche Inhalte fallen dir nicht einmal auf, im Gegenteil: Du scrollst direkt darüber hinweg, nur um das Nächstkrasseste zu finden. So passiert es dann, dass auch die Gesellschaft immer extremer wird: krassere Outfits, Tattoos im Gesicht, Drogenkonsum, Verschwörungstheorien und zunehmend mehr Menschen mit extremen politischen Ansichten – egal ob Links oder Rechts. Die Social-Media-Plattformen verdienen mehr Geld, wenn sie dich radikalisieren. Solange sie dich in die linke, rechte oder irgendeine andere extreme Ecke beeinflussen, entstehen Konflikte. Kapitalisten gegen Kommunisten. Veganerinnen gegen Fleischesserinnen. Geimpfte gegen Ungeimpfte. Hauptsache, die Nutzer verwickeln sich in emotional aufgeladene Auseinandersetzungen. Konflikte, die auf Social Media ausgetragen werden. Und solange du deinen Konflikt auf Social Media austrägst, verdienen YouTube, Facebook, Twitter und Co. Geld daran. Plötzlich werden Dinge normal, die vor zwanzig Jahren noch undenkbar gewesen wären: Mainstream-Musiker, die über nichts als Drogenkonsum und Gewalt rappen, Wahlen, die von Marketing-Unternehmen wie Cambridge Analytica massiv beeinflusst werden und Geheimdienste, die ihre eigene Bevölkerung ausspähen, wie wir dank Julian Assange und Edward Snowden erfahren durften. All dies hat Social Media ausgelöst und möglich gemacht.

Jeder von uns setzt sich tagtäglich mit jedem Öffnen der Social-Media-Apps diesen Gefahren aus. Sei es als Nutzer, der immer nur einen Klick von den abstrusesten Inhalten entfernt ist, oder als Influencerin, die vom Algorithmus stärker belohnt wird, je abstruser die Inhalte sind, die sie postet.

Es entsteht ein toxischer Kreislauf.

Durch die Klicks der Zuschauer wird der Influencer darin bestätigt, dass er mit seinen Inhalten »das Richtige« postet, und je extremer durch diesen Feedback-Loop seine Inhalte werden, desto mehr sensationshungrige Zuschauer landen auf seinem Kanal oder Profil. Theoretisch ist auch Social Media ein Marktplatz und in jedem Markt gibt es so eine Wechselwirkung von Angebot und Nachfrage. Wenn die Käuferin etwas haben will, wird es vom Verkäufer angeboten und wenn die Kundin es nicht mehr nachfragt, nimmt der Verkäufer es aus dem Programm. Die Kundin nennt sich auf Social Media »Nutzerin« und der Verkäufer nennt sich dort »Influencer«. Nun ist es jedoch in der Praxis ganz anders. Denn in Wirklichkeit ist es auf Social Media so, dass die Nutzerin keine Käuferin ist, sondern ein Junkie, die immer neuen Stoff will. Der Influencer ist kein Verkäufer, sondern der Dealer, der den neuen Stoff liefert. Und dann gibt es die wahren Player in diesem Markt, nämlich die Organisation, die für mich mit einem Mafia-Kartell vergleichbar ist, das die Infrastruktur für den Dealer schafft – also die Plattform. Und die Werbetreibenden, von denen die Kartelle Schutzgeld einfordern, wenn sie im digitalen Bezirk des Kartells – also auf der Plattform – Geschäfte machen wollen.

Ich erkannte, dass ich in Wirklichkeit ein Dealer bin, der seine Fans in Abhängigkeit hält und ihnen täglich in Form von Videos neuen Stoff liefert, nur, um das Kartell glücklich zu machen. Das Kartell wiederum ist wie jedes Kartell ausschließlich auf seinen eigenen Profit aus und das Wohlergehen der Gemeinde, in der es agiert, ist ihm relativ egal. So verschlechtert sich der Zustand von allen mehr und mehr: Die Junkies verlieren allmählich den Bezug zur Realität, die Drogendealer müssen daher kontinuierlich härteren Stoff liefern, die Politik wird korrupter und die Gesellschaft als Ganzes fängt an zu zerfallen. Es gibt immer mehr Konflikte, mehr Radikalismus, mehr Elend, mehr zerstörte Existenzen. Die Einzigen, die auf lange Sicht profitieren, sind die Kartellbosse, die saftige Gewinne machen.

Nun ist dies natürlich meine persönliche Ansicht und ich will die verschiedenen Online-Riesen nicht auf die gleiche Ebene stellen wie die Hells Angels, die Camorra oder die 'Ndrangheta. Sie sind nicht auf einer Ebene. Es handelt sich schließlich um legitime wirtschaftliche Institutionen, die auf dem freien Markt agieren. Dies macht sie allerdings aus meiner Perspektive noch viel gefährlicher als die Mafia. Denn die Mafia wird überwacht, die Mafia hat Gegenspieler, die Mafia hat meist keinen Zugang zur Politik und kein normaler Mensch möchte mit der Mafia Geschäfte machen. Die großen Social-Media-Unternehmen hingegen sind von fast jedem akzeptiert, fast jeder macht sich für sie freiwillig zum Junkie ihres Angebots. Dealer werden wie Superstars gefeiert, niemand reguliert oder überwacht diese Institutionen auf ernstzunehmende Weise und es gibt aktuell noch keine großen Gegenspieler. Zudem haben die Unternehmen riesige Lobbyorganisationen und massiven politischen Einfluss – schließlich sind die Politiker selbst Dealer auf diesen Plattformen. Und es ist für jedes Unternehmen und jede Person gesellschaftliche akzeptiert, mit ihnen Geschäfte zu machen. Keine Deals im Hinterzimmer, keine Gefahr auf rechtliche Konsequenzen und keine gesellschaftliche Ächtung.

Das Tragische an dem Ganzen ist: Es wird immer heftiger. Seitdem ich von YouTube Abstand genommen habe, hat sich alles gerade Beschriebene weiter zugespitzt. Genauso wie die Mafia haben die großen Social-Media-Unternehmen angefangen, unliebsame Stimmen mundtot zu machen. In ihrem Fall nicht mit Gewalt, sondern einfach durch Löschen des Kanals oder massive Einschränkung der Reichweite. Gleichzeitig wird das, was durch den Algorithmus promotet wird, immer absurder – ein Blick in die YouTube-Trends oder die trending Hashtags bei Twitter reicht aus, um dies zu erkennen. Menschen werden dazu verleitet. Gerade als ich diese

Zeilen schreibe, habe ich von einem Musiker gelesen, der sich Goldketten anstatt Haaren einpflanzen ließ. Fake News sind überall, Kinder fangen schon vor dem Teenageralter an, Drogen zu nehmen. Schließlich tun ihre Idole auf Social Media dies ebenfalls. Und junge Menschen wie Jérôme Boatengs Exfreundin Kasia Lenhardt nehmen sich vermutlich deshalb das Leben, weil eine Horde von Social-Media-Nutzern einen Shitstorm auf ihrem Profil auslösen und die Medien freizügig an der öffentlichen Hinrichtung dieser Person teilnehmen.

Dass alles so schnell so schlimm werden würde, habe selbst ich noch nicht absehen können, als ich Ende 2017 mein letztes reguläres YouTube-Video gepostet habe. Aber eines ist klar: Es wird noch schlimmer werden. Menschen werden zunehmend abhängig von den Dopamin-Stößen, die ihnen Social Media gibt. Sie werden leichter manipulierbar, da sie den Bezug zur Realität weiter verlieren. Dadurch kommt es zu mehr politischer und gesellschaftlicher Radikalisierung und Spaltung. Influencer werden krassere Dinge tun müssen, um Aufmerksamkeit zu generieren. Und die Kartelle machen sich schön die Taschen voll, während das Monster, der Algorithmus, die Junkies noch besser darauf konditioniert, genau das zu tun, was das Kartell gerne von ihm haben möchte: so viel Zeit, Lebensenergie und Geld wie nur möglich. Dieser Teufelskreis wird niemals aufhören – außer, die Junkies, also wir, du und ich, geben ihre Abhängigkeit auf. Denn wo kein Junkie ist, da gibt es bekanntlich auch keinen Dealer. Viele machen Google, Facebook, Twitter und TikTok für die Misere verantwortlich. Ich kann nicht beurteilen, inwiefern die Konzerne ihre Algorithmen absichtlich so programmiert haben, dass ihre Nutzer zu Junkies werden, oder nicht. Wenn man der Netflix-Doku »The Social Dilemma« Glauben schenkt, scheint das wohl so zu sein. Perfiderweise sind neben Social-Media-Konzernen die einzigen Unternehmen, die ihre Kunden ebenfalls Nutzer nennen, eben *Drogendealer*.

Aus meiner Sicht spielt es keine Rolle, wie schuldig oder unschuldig die Konzerne sein mögen und ich bin auch kein Fan davon, diesen Unternehmen den Schwarzen Peter in die Schuhe zu schieben. Schließlich bringt uns ein bewusster Umgang mit YouTube und anderen Plattform auch viel Gutes. Wir können uns ganze Studiengänge dort ansehen, jede erdenkliche Fähigkeit dort lernen – ohne YouTube wäre ich wohl kaum deutscher Meister im Yo-Yo geworden – und wir können uns mit Menschen auf der ganzen Welt austauschen. All dies wäre ohne Social Media nicht möglich. Daher denke ich, dass sich jeder an die eigene Nase fassen muss.

Wir sind alle für uns selbst verantwortlich.

In einer freien Welt, in einer Demokratie und in einer Gesellschaft, in der sich jeder frei entfalten darf, hat jeder auch die Pflicht, auf sich selbst zu achten und für sein eigenes Wohlergehen zu sorgen. Genauso wie es Alkohol in jedem Geschäft und Restaurant gibt und du hoffentlich trotzdem genug Selbstwert hast, nicht zum Alkoholiker zu werden, genauso kannst du dein Social-Media-Verhalten ebenfalls regulieren. Alkohol, Zucker, Koffein und Medikamente schaden im richtigen Maße kaum einem und zu Recht werden sie nicht verboten, obwohl sie hochgradig süchtig machen können. Wir verurteilen auch nicht Unternehmen, die zucker- oder koffeinhaltige Artikel oder medizinische Produkte mit Nebenwirkungen herstellen, dafür, dass sie Artikel mit sehr hohem Suchtfaktor und potenziellen Schäden für Individuum und Gesellschaft verkaufen. Im Gegenteil, wir freuen uns, dass es diese Produkte gibt, und konsumieren sie zumeist in einem für uns als Individuum sinnvollem Maße. Für jeden ist dies unterschiedlich, ich z. B. trinke absolut kein Koffein, weil ich es nicht vertrage – mein Co-Autor Florian trinkt drei Tassen Kaffee am Tag und es geht ihm gut. Ich checke jeden Tag meine Facebook-Nachrichten, Florian hingegen verbringt fast nie Zeit auf Facebook und wenn, dann nur mit zensierter Timeline, sodass er gar nicht erst in Versuchung kommt, in den Sog des Algorithmus zu geraten. Jeder muss seinen eigenen Umgang mit potenziellen Suchtfaktoren finden.

Fakt ist: Social Media ist Fluch und Segen zugleich. Ein Monster, das uns zerstört, wenn wir nicht bewusst damit umgehen, und ein Tor zur Welt und zu allem Wissen, das die Welt je gesehen hat, sofern wir es bewusst und gezielt verwenden. Zahlreiche Studien belegen inzwischen die Gefahren: »Die Teilnahme in sozialen Netzwerken wie Facebook kann bei den Nutzern starke negative Emotionen hervorrufen und die Lebenszufriedenheit beeinträchtigen«, schrieben beispielsweise Forscher der HU Berlin und TU Darmstadt.

Mach dir an dieser Stelle bewusst, dass Social Media eine massive Gefahr für dich, dein Wohlergehen und deine Entwicklung darstellt. Schränke sämtliche Social-Media-Aktivitäten ein, mit denen du nicht entweder aktiv Geld verdienst – beispielsweise die Jobsuche – oder du dein Wissen erweiterst. Für alles andere verwende lieber die klassischen Wege. Wenn du mit jemandem reden möchtest, ruf ihn an. Wenn du jemandem schreiben möchtest, tippe eine E-Mail oder noch besser: Wie wäre es klassisch mit einem Brief? Wenn es schnell gehen soll, nimm zumindest einen Messenger-Dienst und keine App, wo du direkt in den Sog eines Algorithmus gezogen wirst. Viele Menschen haben diesen Weg bereits eingeschlagen, so schreibt beispielsweise das Zukunftsinstitut in seinem *Zukunftsreport 2021* Folgendes: »Langsam entwickelt die menschliche Kultur ein Immunsystem gegen die große Überwältigung durch Zorn, Hass und Angst im Internet.«

Wer es schafft, sich von Social Media zu lösen, wird zu den Gewinnerinnen und Gewinnern der Zukunft gehören. Wer täglich Stunden in den Fängen des Monsters verbringt, egal auf welcher Plattform, wird ein sehr beschränktes und trostloses Leben führen. Es ist deine Entscheidung, aber wenn du *grenzenlos* sein möchtest, dann höre in dich hinein und befreie dich von allem, was dich im Innersten belastet, auch wenn alle anderen es nicht tun.

grenzenlos!

Du bestimmst über deine Zeit!
Ein Leben ohne Likes ist möglich.

Der Tod von Social Media

Damals, als die ersten Goldgräber gegen Westen gezogen sind, haben viele von ihnen Großes aufgebaut. Die wenigsten fanden tatsächlich Gold, aber es entstanden Werkzeughersteller, die den Nachzüglern Schaufeln und Gerät verkauften, es gab Kleidungshersteller wie Levi Strauss, die die Goldgräber mit Kleidung versorgten, und Banker, die große Institutionen erschufen, indem sie den Nachkömmlingen Kredite gaben. Viele von denen, die als Erste gekommen waren, schufen Imperien, die teilweise heute noch Bestand haben. Die Nachzügler hingegen gingen zumeist leer aus. Ähnlich ist es heute auf Social Media, daher sage ich dir als Influencer, der es »geschafft« hat, dass ich dir nicht empfehlen würde, es mir gleichzutun. Denn das ist gar nicht möglich. Als ich mit Social Media anfing, war es tatsächlich wie im Wilden Westen. Es gab nur wenige Player, die sich den kompletten Markt aufteilten. Alles war möglich und jeder bekam genug vom Kuchen ab. Heute kommen die all die Nachzügler und Nachzüglerinnen, die sich von uns Pionieren haben inspirieren lassen, und stoßen auf abgegrastes Territorium, wo bereits alles geholt wurde, was es zu holen gab. Dies ist jedoch nur ein Teil der Wahrheit, warum ich dir davon abrate, mir nachzueifern und dein Glück ebenfalls als Influencer oder Influencer zu versuchen. Es gibt noch zwei andere Aspekte, die es zu beleuchten gilt.

Der erste Aspekt ist der Suchtfaktor. Dieser gilt nämlich nicht nur für Nutzerinnen und Nutzer, sondern eben auch für die Influencer. Diese versorgen nicht nur wie Dealer die Junkies, sondern kosten auch gerne mal selbst vom eigenen Stoff. Schließlich muss man »Marktforschung« betreiben, den Markt »verstehen« und sich »inspirieren« lassen. So kommt man als Influencer kaum drum herum, selbst viel Content zu konsumieren und so dem Algorithmus nicht nur als Dealer, sondern gleichzeitig als Junkie zum Opfer zu fallen. Glaube mir, deine Lebensqualität, dein Wohlbefinden, deine Beziehungen und die Summe an Geld, die du verdienst, wird massiv höher sein, wenn du dich beruflich von Social Media fernhältst. Übe stattdessen lieber einen Beruf aus, bei dem du etwas erschaffst, was Menschen echten Mehrwert und nicht nur leichte Unterhaltung liefert.

Selbst wenn du leichte Unterhaltung machst, tu es richtig!

Ich bin selbst unter anderem Entertainer und bin dies schon immer gewesen: erst als Yo-Yo-Künstler, dann als YouTuber, heute als Public Speaker und Potenzialentfaltungs-Coach. Als jemand, der den direkten Vergleich hat, kann ich dir Folgendes glasklar sagen: Es ist wesentlich erfüllender, auf einer echten Bühne zu stehen und vor echten Menschen zu performen, als durch einen Bildschirm vor Menschen zu performen, die sich Namen geben wie »AtomBro«, »SexySchnecke«, »100%Echt« oder »Eiche Deutsch« – so ähnlich klingen die Benutzernamen von Menschen, die meine Videos schauen.

Die Yo-Yo-Community und die YouTube-Community könnten unterschiedlicher nicht sein. Mit dem Yo-Yo ist eine Community verbunden, die auf persönliche Nähe und echten Gemeinsamkeiten aufbaut. Die YouTube-Community baut auf ein inszeniertes Online-Bild auf, das der Influencer, in dem Fall ich, bewusst kreiert. Ein Bild, das man in Wirklichkeit gar nicht oder nur teilweise verkörpert. Der Zuschauer bekommt nur einen kleinen Ausschnitt aus meinem Leben und von meiner Persönlichkeit. In dem Rahmen, in dem ich mich zeigen will. Das ist eindimensional und genauso werde ich auch von den Zuschauern konsumiert. Sowohl online als auch offline. Wenn jemand mich nun auf der Straße oder im Supermarkt trifft und ein Bild mit mir machen möchte, geht es nur darum, dass man in dem Moment jemanden Bekanntes getroffen hat, einen »Star«, dessen Bild man nun auf Instagram posten kann, um damit ebenfalls den Algorithmus beeinflussen zu können und die eigenen Freunde zu beeindrucken. Es geht nicht um die Person selbst. So stellte ich fest, dass ich als Influencer, egal ob online auf YouTube oder offline auf der Straße nur konsumiert werde. Die Frage »Wie geht es dir?« kommt dabei nicht auf. Alle sind in den Fängen des Monsters gefangen, sowohl ich als Influencer als auch meine Fans als Zuschauer.

Der zweite Aspekt ist, dass Social Media in seiner heutigen Form sterben wird. Während die Goldgräber, die zu spät nach Kaliforniern kamen, einen ganzen Bundesstaat aufgebaut haben, der heute zu den größten Volkswirtschaften der Welt gehört, werden Influencer, die zu spät auf Facebook, YouTube oder Twitter landen, nicht so viel Glück im Unglück haben. Denn diese Plattformen wird das gleiche Schicksal ereilen, wie es schon mit Yahoo!, MySpace und StudiVZ geschehen ist – sie werden in der Versenkung verschwinden. Technologisch sind diese Plattformen schon heute überholt, nun ist es nur noch eine Frage der Zeit, bis sie auch ihre Nutzer verlieren. Diese werden irgendwann gehen, denn Menschen sind nicht blöd, wir lernen immer dazu und wenn wir erkennen, dass uns etwas mehr schadet, als es uns nützt, lassen wir es meist gerne hinter uns. Social Media macht uns süchtig, bemächtigt sich unserer Daten, um damit Geschäfte zu machen, späht uns aus, zerrüttet unsere Gesellschaft und die Demokratie, in der wir leben. Zudem bringt es ganze Generationen von Kindern und Teenagern auf die falsche Bahn. All dies ist zahlreichen Menschen bereits heute bewusst und je mehr sich darüber bewusstwerden, desto mehr werden nach Alternativen suchen. Natürlich werden wir nicht aufhören uns zu vernetzen, uns auszutauschen und Wissen sowie Informationen miteinander zu teilen. Das haben wir schon immer getan und wir werden es auch in Zukunft tun. Früher auf dem Marktplatz, in Religionshäusern und im Verein, heute in der Facebook-Gruppe, auf Instagram, Tik-Tok, über WhatsApp oder bei Twitter.

> *Sozialer Austausch über das Internet wird*
> *bleiben, doch das Medium wird sich ändern –*
> *im Sinne von uns Menschen.*

Es wird kein Medium sein, das uns unbewusst ausnutzt, sondern eins, das wir bewusst nutzen. In Zukunft werden wir uns auf Plattformen austauschen, die uns die Anonymität des Marktplatzes liefern. Plattformen, auf denen unsere Daten weiterhin uns gehören und es keinen Algorithmus gibt, der uns zu Junkies macht. Wie ist das möglich? Mit einer Technologie, die erfunden wurde, um das größte soziale Medium der Welt zu revolutionieren: das Geldsystem.

Im Januar 2009 hat Satoshi Nakamoto den *Genesis Block* des *Bitcoin* geschürft. Seitdem gibt es eine Technologie, die uns auf sichere Art und Weise ein Netzwerk aus Geld erschafft, das nicht zentralisiert gesteuert wird. Es gibt bei Bitcoin keine Zentralbanken oder Banken, die dieses neue Geld kontrollieren können. Es gibt nur ein Netzwerk aus vielen Computern, die auf sichere Art und Weise miteinander kommunizieren, um dieses Netzwerk und das Geld sicher zu machen. Kein Mensch, kein Unternehmen, keine Regierung und kein Geheimdienst der Welt ist in der Lage, dieses System erfolgreich zu manipulieren, zu verändern, auszunutzen oder aufzuhalten. Es handelt sich um Geld, das zu hundert Prozent seinen Nutzern gehört. Wenn du mehr darüber erfahren möchtest, empfehle ich dir das Buch »Das Geld von morgen« von Frank Schwab. So viel kann ich schon einmal vorwegnehmen: Auch wenn dies für viele heute noch undenkbar erscheint, der Bitcoin und die Blockchain werden unsere Welt mehr verändern als Social Media und vermutlich sogar mehr als das Internet selbst.

Das Geldsystem ist das älteste und größte existierende soziale Netzwerk. Es umfasst die ganze Welt und wir alle nehmen daran teil. Von jeher haben Menschen Geschäfte miteinander gemacht, auch lange bevor es das Internet, die Post oder weit verbreitete Sprachen wie Englisch oder Spanisch gab, die an den meisten Orten der Welt gesprochen wurden. Eine Sprache haben stets alle verstanden: die Sprache des Geldes. Die Welt war schon vor hunderten Jahren zu einem gewissen Grad vernetzt. Nicht durch Glasfaserkabel, nicht durch Telefon- oder Telegrafenleitungen, nicht durch Postdienste oder Brieftauben, sondern durch das Geld.

Blockchain, diese neue Technologie, die von Satoshi Nakamoto in Form des Bitcoin erfunden wurde, hat heute bereits die Finanzbranche völlig auf den Kopf gestellt. Zudem wird das Geldsystem von Grund auf revolutioniert und große Banken durch diese Neuerungen in Bedrängnis gebracht werden. Bisher wurde die Social-Media-Branche noch nicht von dieser neuen Technologie angegriffen. Aber genau dies wird passieren. Plattformen und Projekte wie Theta, Steemit, DTube, GNU social und SAPIEN existieren bereits. Ob sich diese nun durchsetzen werden oder deren Nachfolger, das sei dahingestellt. Fakt ist: Social Media wird in Zukunft wieder deine Privatsphäre achten, dich als Mensch und nicht als Nutzer betrachten und dich nicht gegen deinen Willen in eine Abhängigkeit zwingen. Vorläufer dieser Entwicklung gibt es bereits im Messenger Bereich. Auch wenn Dienste wie Telegram, Signal und Threema noch nicht dezentralisiert sind, so verschlüsseln und schützen sie zumindest schon einmal die Daten ihrer Nutzer und zensieren nicht deine Inhalte.

Zudem werden die Social-Media-Plattformen der Zukunft nicht irgendwelchen Mogulen gehören, die damit unermessliche Macht erlangen, sondern Social Media wird – genauso wie früher der Marktplatz – wieder allen gehören und auch wieder allen zugänglich sein. Es wird keine zentralisierte Institution geben, die sich all deiner Daten bemächtigt und entscheidet, was dir gezeigt wird und ob du überhaupt Zugang bekommst oder nicht. Diese Macht wird wieder von einer zentralen Person oder Institution auf die Gesellschaft zurück verteilt. Das heißt nicht, dass es dort völlig wild zugeht und alles erlaubt sein wird. Im Gegenteil, genauso wie früher auf dem Marktplatz wird es auch im Web 3.0 soziale Regeln und Bräuche geben, an die man sich hält. Diese werden uns jedoch nicht von einem Mogul aus Silicon Valley vorgegeben und wir müssen auch nicht zuerst an dessen Türsteher vorbei, sondern die Gesellschaft wird einen Selbstregulierungsmechanismus finden, mit dem alle einverstanden sind. Ähnlich wie bei jedem demokratischen Prozess ebenfalls – nur eben auch dezentralisiert.

Wenn du also heute als Influencer auf einer der Plattformen des Web 2.0 startest, wirst du fast mit Sicherheit scheitern. Selbst wenn du es schaffst, große Reichweite aufzubauen, wird diese in wenigen Jahren keinen Wert mehr haben. Frag einmal die Influencer, die damals auf MySpace, StudiVz, Snapchat oder Vine dominiert haben – auch wenn sie damals Millionen von Followern auf diesen Plattformen hatten, ist diese Reichweite heute nichts mehr wert. So ähnlich würde es dir ergehen, wenn du heute auf YouTube oder TikTok startest.

Verschwende also nicht dein Leben, indem du den gleichen Fehler machst wie ich und versuchst, etwas aufzubauen, was nicht einmal dir gehört, sondern einem Kartell aus Silicon Valley. Das zudem in Kürze nicht einmal mehr Aufmerksamkeit bekommen wird, da die Nutzerinnen und Nutzer auf die Plattformen der Zukunft umsiedeln. Ins dezentralen Web 3.0. Diese neue Form des Internets wird keine zentralen Stellen und somit auch keine zentrale Steuerung mehr haben. Alles ist in der Hand der Nutzer und wird durch ihre Schwarmintelligenz gesteuert und kontrolliert. Echte Demokratie also, wo jeder Einfluss nehmen kann und niemand kontrolliert oder unterdrückt werden kann. Weder von einem Großkonzern noch von einem Staat oder anderen machtvollen Organisationen. Das neue Web, das auf der Blockchain basiert, bedeutet echte Freiheit für alle. Kein Großkonzern kann deine Daten manipulieren, dich manipulieren oder dich ausnutzen. Du hast wieder die Kontrolle.

Grenzlosigkeit findest du grundsätzlich nicht, wenn du anderen deine Zeit, Energie oder Aufmerksamkeit schenkst. Denn dies sind die wertvollsten Ressourcen, die du hast und abgesehen von deinen Liebsten solltest du diese an niemanden freizügig verschenken. Investiere diese wertvollen Ressourcen in deine Weiterbildung, in wertvolle Beziehungen und in erfüllende Arbeit, für die du angemessen bezahlt wirst. Nicht in ein Unternehmen, dessen Geschäftsmodell es ist, dir deine Zeit zu rauben und dich gegen deinen Willen zu beeinflussen.

Sei nicht Teil einer Verirrung,
auf die zukünftige Generationen mit einem
Kopfschütteln zurückblicken werden.

Sei Teil derjenigen, die bewusst eine großartige Zukunft aufbauen – für sich, für die anderen und für die Welt.

grenzenlos!

Sei grenzenlos, anstatt dich von einem Algorithmus eingrenzen und entmächtigen zu lassen!

Outfluencing:
ein Influencer auf Entzug

»Hey Kojo, können wir ein Selfie machen?« Ich war perplex. Diese Frage und die Situation, in der Öffentlichkeit angesprochen zu werden, war für mich normal geworden. Doch es war gerade eine weltweite Pandemie ausgebrochen und ich trug eine Maske. Interessiert fragte ich den jungen Mann, wie er mich denn erkannt habe? »Na ja, an deiner Stimme natürlich.« Ich war sprachlos. Einerseits war das ein schönes Kompliment, andererseits zeigte es mir in aller Deutlichkeit ein Phänomen, das ich mit immer größer werdenden Bedenken betrachte.

Ich selbst war ein riesengroßer Social-Media-Junkie gewesen und nun schon seit einiger Zeit auf Entzug. Diese Situation, von einem Fan selbst mit Maske erkannt zu werden, verdeutlichte mir erneut, wie wichtig es für mich war, mich von dieser Sucht zu lösen. Eine Sucht, die heutzutage fast jeder hat. Weltweit verbringen die Menschen inzwischen deutlich mehr als zweieinhalb Stunden täglich auf Social Media. Zweieinhalb Stunden Lebenszeit, die einfach so verpufft ist, während der Nutzer es gar nicht mitbekommen hat. Die meisten wissen schließlich im Nachhinein nicht mehr, was sie überhaupt angesehen haben. Ich rede hier aus eigener Erfahrung. Zweieinhalb Stunden täglich, das sind 38 Tage jährlich. Wenn wir die Schlafenszeit noch rausrechnen, dann sind es zwei ganze Monate pro Jahr, nur für Social Media.

Das ist mehr als das Dreifache der Zeit, die der Durchschnittsmensch im Jahr Urlaub macht. Die Zeit von drei Jahresurlauben nur für das Betrachten eines Bildschirms? Jedes Jahr?

Bei mir war es sogar noch krasser, ich habe weit länger auf mein Telefon gestarrt, zweieinhalb Stunden war für mich nur Aufwärmphase. Wenn ich meine Arbeitszeit einrechne, habe ich in meiner aktiven YouTube-Zeit mindestens die Hälfte jeden Tages auf einen Bildschirm gestarrt – manchmal sogar den ganzen.

Irgendwann bin ich mir dieser Absurdität bewusst geworden und konnte den Teufelskreis durchbrechen. Dies ist jedoch nicht einfach, schließlich spielt sich ein großer Teil unserer sozialen Interaktionen mittlerweile im Internet ab – besonders wenn man auch noch beruflich am Rechner sitzt. Zudem werden wir massiv konditioniert. All die Klings, Bings, Vibrationen und andere Mechanismen, die in Handy und Apps eingebaut sind, geben uns ständig einen kleinen Dopamin-Stoß. Dopamin ist eine körpereigene Droge, die uns ein gutes Gefühl gibt. An sich ist dieser Stoff etwas Gutes, er belohnt uns dafür, etwas erreicht zu haben. Das gute Gefühl nach getaner Arbeit, das Glücksgefühl nach einem anstrengenden Workout, die Freude, wenn du einen Durchbruch beim Lernen einer neuen Sprache oder beim Spielen eines Instruments hast, all das sind Dopaminstöße. Es gibt nur einen entscheidenden Unterschied: In diesen Fällen hast du etwas getan, das dein Leben bereichert, und dein Gehirn belohnt dich für die Anstrengung. Wenn du hingegen irgendwas auf Social Media angesehen hast, dann wirst du für etwas belohnt, was du gar nicht geschafft hast. Daher auch die Leere, die von den meisten Menschen nach einem Social-Media-Exzess, einem Netflix-Marathon oder dem Konsum von Pornografie empfunden wird.

Diese Leere wird intensiver, denn die Zeit, die von den meisten Menschen mit Social Media, Netflix und Pornhub verbracht wird, steigt weiter an, und die Raffinesse, mit der Plattformen dich konditionieren, wird zunehmend ausgefeilter. Die großen Social-Media-Plattformen arbeiten mit Psychologen zusammen, die ähnliche Belohnungsmechanismen wie bei Glücksspielgeräten auch in Social-Media-Apps einbauen. Schließlich wurden diese Spielgeräte derart aufgebaut, dass der Spieler so lange wie möglich davor sitzenbleibt, damit er möglichst mit leeren Taschen die Spielothek verlässt. Ähnliches versuchen die Plattformen mit dir zu machen, nur dass sie halt nicht nur dein Geld wollen, sondern möglichst gleich dein ganzes Leben: deine Zeit, Aufmerksamkeit, Energie und dein Geld. Sie machen uns gewissermaßen zu ihren Sklaven, die gar nicht anders können, als von früh bis spät jede freie Minute vor den blinkenden Spielautomaten in unserer Tasche zu verbringen. Wir werden zu Spielern, die jede verfügbare Münze an Lebensenergie, Zeit und Aufmerksamkeit dort hineinwerfen. Die großen Tech-Konzerne profitieren, während wir irgendwann Lebensinsolvenz anmelden müssen. Dies ist wortwörtlich der Fall, denn es häufen sich die Fälle von Depressionen, Selbstmorden, Burn-outs und anderen psychischen Problemen – besonders in den Generationen der Digital Natives. Expertinnen und Experten sehen klare Zusammenhänge zwischen dem Anstieg unserer Social-Media-Nutzung und dem gleichzeitigen Verfall unserer psychischen Gesundheit. Dies ist auch offensichtlich, wenn wir genau hinschauen: Während wir früher etwas für unsere Glücksgefühle tun mussten, können wir heute einfach das Smartphone aus der Tasche ziehen und bekommen direkt einen Stoß Glückshormone ausgeschüttet. Wie ein Heroin-Junkie, der seine Spritze herausholt und sich damit einen Schuss setzt. Dass der Heroinsüchtige von den Stößen seiner Spritze nicht langfristig glücklich wird, wissen wir alle, doch bei unseren blinkenden Apps hoffen wir immer noch, dass sie uns irgendwann vielleicht doch Erfüllung geben. Genauso wie der Heroin-Junkie bei jedem Schuss hofft, dass er ins Nirvana kommt. Und wie der Junkie machen wir uns gar nicht bewusst, wie tiefgreifend und zerstörerisch diese Sucht ist.

Dies war ein weiterer Grund, warum ich mit dem Veröffentlichen regelmäßiger YouTube-Videos aufgehört habe. Einerseits wusste ich, dass ich meine Sucht nicht loswerden würde, wenn ich täglich allein für meinen Beruf mehrere Stunden vor den Geräten hänge. Andererseits wollte ich nicht mehr Teil dieses Systems sein. Ich hatte keinen Bock mehr auf das Junkie-Leben und noch weniger wollte ich weiterhin der Dealer für andere Junkies sein. Heute biete ich stattdessen täglich Lebenstipps in einer Messenger-Gruppe über Telegram an. Hier bin weder ich noch sind die Empfänger meiner Nachrichten von einem Algorithmus abhängig. Wir können alle diese Wahl treffen: Bewegen wir uns auf Plattformen, deren Algorithmen uns zu Junkies machen wollen, oder nutzen wir Medien, die gar keinem Algorithmus unterliegen? Ein Buch, einen Messenger-Dienst oder einen klassischen Anruf beispielsweise?

Wenn du erkennst, wie schädlich etwas ist, dann kannst du es nicht weiter aktiv unterstützen.

Nicht nur mir erging es so, jeder Influencer wird zu einem gewissen Grad vom Monster beeinflusst. Teilweise mit absurden Resultaten. *Nikocado Avocado* beispielsweise ist ein US-YouTuber, der früher überzeugter Veganer war. Bis zu dem Moment, als er entdeckte, dass Sellerie-Essen für die Zuschauer nicht so interessant ist wie ein riesiger Berg von Fastfood. So gab er den Veganismus auf und aß von nun an in jedem Video geradezu perverse Mengen an Fleisch, triefendem Käse und anderen Dingen. Er nahm fünfzig bis hundert Kilo zu und wurde damit erfolgreich. Der Algorithmus belohnte ihn mit immer mehr Klicks, je größere Mengen er an möglichst ausgefallenem Essen verzehrte.

Im deutschen Markt gibt es ebenfalls zahlreiche solcher Beispiele. Nehmen wir *ApoRed*, der sich wegen eines »Bomben-Pranks« (Bombenstreich) sogar vor dem Landesgericht Hamburg verantworten musste. Mit den Worten »Lauft lieber, wenn euch euer Leben etwas wert ist!«, warf er Passanten auf der Straße eine Tasche vor die Füße und erschreckte diese damit so sehr, dass sie um ihr Leben liefen. Ideen wie diese entstehen, weil Influencer von den Social-Media-Algorithmen konditioniert werden, immer extremer zu werden für immer mehr Aufmerksamkeit. Denn je mehr Aufmerksamkeit sie bekommen, desto mehr Geld können sie mit ihren Inhalten verdienen.

Also begab ich mich auf Entzug. Ich habe mich überall ausgeloggt und Social Media erst mal weitestgehend den Rücken gekehrt. Dies war eine extrem schwierige Phase für mich. Entzugserscheinungen, Existenzängste, Nervosität, Selbstzweifel, Rückfälle – alles, was ein Junkie auf Entzug halt so durchmacht.

Heute bin ich sehr froh, das getan zu haben. Es hat vielerlei Gutes in mein Leben gebracht. Ich habe weniger Stress und mehr Gelassenheit. Anstatt mir um unwichtige Dinge wie Klicks und Aufmerksamkeit Gedanken zu machen, gehe ich regelmäßig zum Sport, ernähre mich gesund und kümmere mich um meine Beziehungen. Am wichtigsten: *Ich bin glücklich!* Denn ich habe wieder die Kontrolle über mein Leben und bin nicht mehr davon abhängig, in jeder freien Sekunde auf mein Gerät schauen zu müssen. Zudem bin ich wesentlich geduldiger, niemals hätte ich beispielsweise dieses Buch geschrieben, wenn ich heute noch Social Media machen würde. Auch hätte ich wohl kaum wieder angefangen, regelmäßig Schach zu spielen, meinen Körper wirklich durchzutrainieren und vielerlei andere Dinge zu tun, die zwar nicht auf Sekundenbasis Glückshormone in meinem Gehirn auslösen, dafür aber wirklich erfüllend sind. Ich lasse mich nicht mehr stressen. Ich meditiere viel. Ich lese mehr. Ich denke klarer. Niemals wäre ich *grenzenlos* geworden, wenn ich heute noch Social-Media-Junkie wäre – im Gegenteil: Ich wäre weiterhin gefangen in einem selbst erschaffenen Gefängnis. Stattdessen habe ich heute einen wirklich erfüllenden Job, wo ich wieder im echten Leben mit echten Menschen interagiere. Als Coach helfe ich Menschen, ein erfülltes und selbstbestimmtes Leben zu leben und auf dem höchsten Level Leistung erbringen zu können, sodass sie ihre wahren Ziele erreichen. Hier arbeite ich mit Profi-Sportlern, Unternehmerinnen und anderen Peak Performern.

Auch du kannst dich davon lösen.

Besser gesagt, auch du musst dich davon lösen, wenn du wirklich *grenzenlos* werden willst. Auch du gehörst zu den Menschen, die abhängig von Social Media sind.

Nicht? Gut, dann lösche jetzt einfach mal sämtliche Apps mit einem Algorithmus von deinem Smartphone: Facebook, YouTube, Instagram, TikTok, Twitch, Netflix, Pornhub, sämtliche Games und alles andere, was blitzt, blingt und bingt. Die einzigen Apps aus dieser Kategorie, die du behalten kannst, sind: Spotify oder Ähnliches für Musik und deine Messenger-Apps wie WhatsApp, Signal und Telegram. Logge dich selbstverständlich auch auf anderen Geräten aus. Jetzt bleibst du für mindestens 21-Tagen fern von diesen Diensten. Keine Ausnahme. Belüge dich nicht selbst. Wenn du Kinder hast, hilf besonders auch ihnen, das Gleiche zu tun. Je früher sich jemand von den Algorithmen löst, desto besser kann sie oder er sich entfalten und das eigene Leben bewusst gestalten.

Schaffst du das ohne Probleme?
Wenn ja, herzlichen Glückwunsch,
du bist ein freier Mensch!

Du gehörst zu einer kleinen, exklusiven Elite von Menschen, die noch die Kontrolle über ihr eigenes Leben haben. Wenn nein, dann hast du ein Problem und du solltest umgehend an dessen Beseitigung arbeiten.

grenzenlos!

Bist du ein freier Mensch?
Losgelöst vom Takt kleiner Computer-
programme?

Was dich begrenzt, macht dich nicht glücklich – digitale Hygiene

Versteh mich an dieser Stelle nicht falsch, es geht nicht darum, dass du nie wieder auf Social Media gehen oder eine blinkende App benutzen solltest. Diese Apps sind großartig und bieten einen riesigen Nutzen, sofern wir sie bewusst und gezielt für Dinge nutzen, die uns einen echten Mehrwert geben. Sei es die Aufnahme von neuem Wissen, die gezielte Suche nach Informationen oder der Austausch mit Freunden und Verwandten überall auf der Welt. Nichts von alledem machst du jedoch vermutlich den ganzen Tag. Auch wirst du wahrscheinlich nicht nervös, wenn du mal kein Buch dabeihast oder für einen Moment keinen aktiven Austausch mit Freunden und Familie haben kannst. Wenn du jedoch so bist wie die meisten Menschen heutzutage, dann wirst du nervös, wenn du mal dein Handy nicht dabeihast. So wie ein Junkie, der keine Spritze hat. Um sich von dieser Abhängigkeit zu lösen, bedarf es der digitalen Hygiene. Die digitale Hygiene zielt darauf ab, das Smartphone, Social Media und andere digitale Angebote bewusst und gezielt zu nutzen. Diese Werkzeuge also wieder zu etwas zu machen, was uns Nutzen bringt und nicht zu etwas, zu dessen Sklaven wir uns selbst machen.

In meinem Freundeskreis ist es mittlerweile normal, regelmäßig einen Digital Detox zu machen. So wie manche Menschen fasten oder eine Zeit lang auf Kaffee, Zucker oder Alkohol verzichten, so verzichten in meinem Umfeld inzwischen viele regelmäßig für eine Weile auf das Smartphone – oder zumindest auf die Social Media und andere Entertainment-Apps. So ein Digital Detox kann beispielsweise so aussehen, wie oben beschrieben: Du verzichtest für 21-Tage auf diese Apps. 21 Tage sind dabei sinnvoll, da dies der Zeitraum ist, den es in der Regel braucht, um eine Gewohnheit wirklich zu durchbrechen.

> *Wenn du deine Grenzen los wirst,*
> *macht dich das grenzenlos!*

Ein Detox ist die einfachste Methode, sich von einer Sucht zu lösen. Denn dem Impuls zu widerstehen, dein Handy nicht aus der Tasche zu nehmen, wenn es da ist und die Apps nicht zu öffnen, wenn sie drauf sind, das fällt vielen deutlich schwerer, als einfach mal für eine Weile komplett zu verzichten. Natürlich heißt das nicht, dass du völlig auf Kommunikation verzichten musst. Nutze dein Handy weiter zum Telefonieren und um Messenger-Nachrichten zu empfangen und zu versenden. Dafür musst du das Handy jedoch nicht ständig bei dir tragen – bis vor zwanzig Jahren war es noch normal, dass man nur ein stationäres Haustelefon besitzt. Und vom Telefonieren mal abgesehen, wird dein Gerät ohne all die blinkenden Apps auch kaum noch einen Reiz haben, sodass du es gerne aus der Hand legen wirst.

Zuerst fängt es mit einem Gefühl an, dass man ein Loch in sich hat, eine Leere, einen unerfüllten Raum, den man die ganze Zeit füllen möchte. Bis man merkt, dass das dieses Loch immer kleiner und kleiner wird. Und irgendwann fühlt es sich so an, als wäre das Loch nie da gewesen. Man erkennt plötzlich wieder seinen eigenen natürlichen Zustand. Diesen Raum, der dadurch entstanden ist, kannst du nun durch die Dinge füllen, die dir wirklich guttun: Zeit mit lieben Menschen, Bewegung, Aktivitäten in der Natur, ein gutes Buch, etwas Neues lernen, eine neue Einkommensquelle aufbauen, eine Yoga-Routine kultivieren – was du schon lange mal in deinem Leben angehen wolltest.

Doch digitale Hygiene heißt nicht nur die Sucht ablegen, sondern auch entsprechende Vorkehrungen zu treffen und Gewohnheiten zu kultivieren, die dafür sorgen, dass du in Zukunft nicht wieder rückfällig wirst. Eine Gewohnheit, die dich glücklich macht, dich erfüllt, dein Leben bereichert. Eine dieser Dinge, von denen du weißt, dass du auf deinem Sterbebett zurückblicken wirst und dir denkst: Gut, dass ich damals damit angefangen habe und meine Zeit in so etwas Schönes, Bereicherndes und Erfüllendes investiert habe, gut, dass ich mein Leben gelebt habe. Denn was alte Menschen am meisten bereuen, ist, wenn sie das nicht getan haben.

Ich verspreche dir, wenn du es versuchst, lernst du dich und dein Leben auf eine neue Art kennen. Es gibt ein paar einfache Regeln, an die du dich halten kannst. Dafür habe ich die *Zehn Gebote der digitalen Gesundheit* entwickelt:

1. *Schalte alle Notifications aus! – Du gewinnst die Kontrolle über dein Leben zurück.* Dies ist die absolute Basis und wer ein selbstbestimmtes, grenzenloses Leben führen möchte, kommt um diesen essenziellen Schritt nicht herum. Wenn du die ganze Zeit Töne, Vibrationen und Lichteffekte hast, die dich ablenken, kontrolliert dein Gerät dich. Sorge dafür, dass du diese Kontrolle wieder zurückgewinnst. Dies tust du, indem du dich bewusst entscheidest, es in den *richtigen* Momenten in die Hand zu nehmen und nicht jedes Mal, wenn du eine Benachrichtigung bekommst.

2. *Kein Handy vor dem Frühstück! – Du gewinnst Ruhe für den ganzen Tag.* Genaugenommen: Schalte dein Handy erst ein, nachdem du die wichtigsten Dinge des Tages erledigt hast: in Ruhe aufstehen, Körperhygiene, Meditation, Fitness, ein nahrhaftes Frühstück, vielleicht ein Kapitel in einem guten Buch. Frühestens dann solltest du dein Handy einschalten. Oder denkst du, es ist eine gute Idee, dich ablenken zu lassen, bevor du die notwendigsten Dinge des Lebens erledigt hast? Die meisten Menschen tappen in der Früh wie blind als Erstes zum Handy und finden alle möglichen Ausreden dafür, warum dies notwendig ist. Dabei ist alles oben Aufgezählte in deutlich weniger Zeit zu erledigen als die zweieinhalb Stunden, die wir alle täglich auf Social Media verbringen. Die logische Schlussfolgerung sollte für jeden sein: Anstatt einen Großteil der Zeit mit Social Media zu verbringen und am Ende womöglich gar keine Zeit für die wesentlichen Dinge zu haben, erledige ich diese zuerst und *danach* habe ich vielleicht noch ein wenig Zeit für Social Media.

3. *Kein Handy im Bett! – Du gewinnst echte Entspannung.* Gleiches gilt für deine Abendroutine. Spätestens eine Stunde bevor du zu Bett gehst, haben das Handy und andere Bildschirme nichts mehr in deiner Reichweite zu suchen. Das blaue Licht hält dich wach und sorgt dafür, dass du einen weniger erholsamen Schlaf hast. Zudem läufst du Gefahr, irgendwelchen Horrornachrichten über den Weg zu laufen. Oder etwas total Harmloses hält dich gedanklich auf Trab und hindert dich am Einschlafen. Wie wäre es, wenn du ein gutes Buch liest oder einfach Zeit mit deinem Partner oder deiner Freundin verbringst? Wenn du Single bist, nutze diese letzte Stunde des Tages, um Gewohnheiten zu kultivieren, die dich attraktiver machen: Meditation, Yoga, Fitness, Lernen, Körperpflege, völlig egal, was es ist. Hauptsache, es tut dir gut.

4. *Meide alles mit Swipe-Funktion! – Du gewinnst Zeit für dich zurück.* Die Swipe-Funktion ist nur ein schwarzes Loch, welches deine Zeit frisst. Geh gezielt dorthin, wo du hin möchtest und erledige, was es zu erledigen gibt. Sobald du in der Timeline bist oder auf einer anderen Oberfläche, wo du weiter swipen kannst, ist es, als würdest du in ein schwarzes Loch fallen – du irrst ziellos darin umher. Minuten oder gar Stunden später erst wirst du wieder ausgespuckt, ohne irgendetwas Sinnvolles gemacht zu haben. Die Bewegung mit deinem Daumen auf deinem Smartphone immer weiter nach unten zu wischen, um die nächsten Inhalte auf der Social-Media-Plattform zu sehen, ist bereits eine giftige Konditionierung, der du entkommen möchtest.

5. *Tinder töten! – Du gewinnst Lebendigkeit.* Lösche Tinder und andere Dating-Apps. In der Zeit, die du in Swipen, Chatten und Terminabsprachen gesteckt hast, hast du im echten Leben zehnmal deinen Traumpartner kennengelernt. Wenn du digital jemanden ansprechen kannst, kannst du das auch im echten Leben. Es ist zwar etwas aufregender, dafür kommst du irgendwann tatsächlich an dein Ziel: jemanden kennenzulernen. Oder willst du etwa nur chatten? Auf den Dating-Apps hingegen wirst du wohl kaum den Traumpartner finden – schließlich ist es in deren Interesse, dass sie dir nicht den richtigen präsentieren. Oder meinst du, die wollen dich wirklich als Kundin verlieren, indem sie dafür sorgen, dass du nicht mehr Single bist?

6. *Nicht sofort reagieren! – Du gewinnst Handlungsfreiheit.* Geh nicht immer ans Handy und beantworte Nachrichten nicht sofort. Wir leben in einer Zeit, in der viele Menschen automatisch ans Handy gehen, wenn dort ein Anruf oder eine Nachricht eingeht. Jedes Mal holt dich das Handy aus dem heraus, was du gerade getan hast. Wenn du im Flow-Zustand warst, dauert es

bis zu 1,5 Stunden, bis du wieder drin bist. Du verlierst also wertvolle Lebenszeit, wenn du unkontrolliert ans Handy gehst. Stelle dein Handy auf Flugmodus, wenn du dich konzentrieren willst und leg es sonst immer mal zur Seite. Stell dir vor, wie schön das ist, wenn du die Kontrolle über dein Handy hast und nicht umgekehrt. Das gilt nicht nur für Social Media, sondern auch für alles andere, was du an deinem Smartphone machst.

7. *Begegne echten Menschen! – Du gewinnst Lebensfreude.* Bevorzuge das echte Gespräch, wann immer möglich. Zwischenmenschliche Beziehungen sind eine wesentliche Grundlage für Glück und Erfüllung im Leben. Eine echte Begegnung hat eine völlig andere Qualität, da alle Sinne angesprochen werden und nicht nur einer. Kann ein Porno dir eine Liebesbeziehung ersetzen? Warum ziehst du dann einen Chat einer echten Begegnung vor?

8. *Respektiere dein Gegenüber! – Du gewinnst Aufmerksamkeit.* Wenn du im Gespräch bist, leg dein Handy weg. Alles andere ist schlichtweg respektlos gegenüber deiner Gesprächspartnerin.

9. *Halte dein Smartphone sauber! – Du gewinnst Fokussierung.* Lösche alle Apps, die du nicht regelmäßig nutzt. Alles andere ist nur Ablenkung.

10. *Frage dich vor jedem Klick, ob er notwendig ist! – Du gewinnst Grenzenlosigkeit.* Mache dir deine Online-Gewohnheiten bewusst, auch außerhalb von Social Media. Frage dich immer: Bringt mich das gerade weiter in meinem Leben? Wenn du dir nicht sicher bist, schalte es aus und hör stattdessen ein Hörbuch oder beleg einen Kurs. Besonders Netflix, Pornoseiten und andere Streaming-Dienste sind ähnliche Zeit- und Lebensenergiefresser wie Social Media.

Wie viel Neues könntest du lernen, erleben, dein Einkommen erhöhen, tolle neue Freunde treffen, einen Partner oder eine Freundin kennenlernen, bestehende Beziehungen vertiefen, endlich die Traumfigur antrainieren – oder sogar alles zusammen? Wenn du einfach konsequent auf zeitfressende Online-Aktivitäten wie YouTube, Netflix, Instagram, Tik-Tok etc. verzichten würdest?

Ich verspreche dir: Vielleicht fällt es dir zu Beginn schwer, aber schon bald wirst du es nicht mehr als Verzicht empfinden, sondern deine neue Lebensqualität zu schätzen wissen.

Beginne mit kleinen Schritten. Versuche bewusst eine Stunde, ein paar Stunden oder einen Tag, ein Wochenende ohne Onlineaktivität auszukommen. Vielleicht ist die Online-Abhängigkeit bei dir auch schon so weit fortgeschritten, dass du das Gefühl hast, gar nichts anderes mehr im Leben zu haben. Das ist okay. Es ist überhaupt nicht schlimm. Denn dann kannst du dein Leben betrachten wie ein weißes Blatt, dass du ganz frei so bemalen kannst, wie du es schön findest. Du kannst dir ein erfüllendes Leben von Grund auf neu aufbauen. Vielleicht willst du in ein anderes Land? Vielleicht ein Instrument lernen? Eine neue Sportart anfangen? Ein Buch schreiben? Bedürftigen Menschen helfen? Setze dich wahrhaftig mit einem leeren Blatt Papier hin und schreibe dir auf, was du schon immer mal tun wolltest. Was waren deine Träume, die du als kleines Kind hattest? Was wolltest du machen, erleben, ausprobieren? Welche Menschen wolltest du unbedingt kennenlernen? Welche Sprache sprechen? Du kannst es dir dein Leben neu malen, wie du es willst. Niemand steht dir im Wege. Nur du selbst kannst dich davon abhalten.

Und neben diesen Dingen, die du dir schon immer gewünscht hast, was könntest du noch alles mit der zurückgewonnenen Zeit erreichen? Glaubst du, dass Einstein so genial geworden wäre, wenn er den ganzen Tag auf TikTok gehangen hätte? Glaubst du, dass Michael Jordan so ein großartiger Sportler geworden wäre? Oder »The Weekend« so ein genialer Sänger? Was ist mit Konfuzius, Marcus Aurelius, Van Gogh, Mozart, Ford, Bobby Fischer oder Dave Chappelle? Niemand wird großartig in dem, was er tut, wenn er sich den ganzen Tag ablenkt.

Überleg dir, was dir im Leben wirklich wichtig ist und ersetze die Momente, in denen du bisher auf Social Media oder anderen Kanälen Zeit verschwendet hast, mit diesen Aktivitäten.

Suche nach Erfüllung statt nach Ablenkung!

Nur wenn du deinen Tag mit erfüllenden Aktivitäten füllst, kannst du glücklich werden. Mihály Csíkszentmihályi, der legendäre Forscher, der den Flow-Zustand entdeckt hat, schrieb dazu: »Menschen, die ihr Leben sinnvoll finden, haben gewöhnlich ein Ziel, das herausfordernd genug ist, um all ihre Energie in Anspruch zu nehmen, ein Ziel, dass ihrem Leben Bedeutung verleiht.« Zudem können wir laut der Forschung zu menschlichen Gewohnheiten nicht einfach nur eine Gewohnheit ablegen – wir müssen sie durch eine andere ersetzen, erläutert Charles Duhigg in seinem Werk »Die Macht der Gewohnheit«. Warum also nicht deine schlechten Gewohnheiten einfach durch deine Traumgewohnheiten ersetzen?

Das Schöne ist nun, wenn du den Tag mit erfüllenden Aktivitäten füllst und wunderbare Beziehungen führst, kannst du es auch ohne schlechtes Gewissen und andere

Nachteile genießen, nach getaner Arbeit mal ein paar Minuten auf Social Media zu sein. Oder an einem freien Tag mal eine Netflix-Session zu machen und trotzdem *grenzenlos* werden. Du kannst dich natürlich auch gegen Erfüllung und weiterhin für unbewussten Social-Media-Konsum entscheiden. Doch dann bleibst du für den Rest deines Lebens durch deinen Screen begrenzt und bist ein Sklave der ewigen, leeren Dopaminstöße. Diese fühlen sich zwar immer kurzfristig gut an, höhlen dich aber langfristig aus, wie das Heroin den Junkie.

Stell dir vor, wie viele tausende Stunden du in deinem Leben bereits auf Social Media, Netflix oder anderen Plattformen mit einem Algorithmus verbracht hast. Und jetzt stell dir vor, was passiert, wenn du heute die Entscheidung triffst, den Großteil der nächsten tausend Stunden, die du auf Social Media verbringen könntest, stattdessen in deine wahren Träume zu investieren. Wo wirst du sein? Was wirst du erleben? Mit wem wirst du es erleben? Eine aufregende Vorstellung! Lasse deiner Fantasie freien Lauf, schreibe deine Visionen auf. Wenn deine Liste vollständig ist, fang an, sie umzusetzen.

grenzenlos

Siehst du, wie die Grenzen sich auflösen, weil dein Leben eine neue Perspektive gewinnt?

Warum Trophäen und Titel nichts wert sind und wie jeder Tag zum Erfolg wird

Vor einiger Zeit habe ich mich entschieden, einen wirklich durchtrainierten Körper zu bekommen. Also habe ich eine knallharte Diät gestartet und für Monate ausschließlich Hühnchen und Kartoffeln gegessen. Parallel dazu habe ich hart trainiert. Auf diese Weise habe ich dreizehn Kilo abgenommen und tatsächlich den Waschbrettbauch erreicht. Doch es hat mich angekotzt. Jeden Tag das gleiche essen, immer das gleiche Training. Irgendwann habe ich das Ziel losgelassen, habe angefangen, vegetarisch zu essen und mehr Abwechslung in mein Training zu bringen. So würde ich zwar nicht durchtrainiert sein, aber zumindest zufriedener und glücklicher. Faszinierenderweise habe ich dennoch nicht wieder zugenommen und meine Muskeln haben auch nicht abgebaut. Ich habe den Zwang, unbedingt Anerkennung für einen durchtrainierten Körper bekommen zu wollen, losgelassen und dadurch mehr Leichtigkeit und Freude in mein Leben gebracht, und trotzdem – oder gerade deshalb – mein Ziel erreicht. Nur war der Waschbrettbauch plötzlich nicht mehr erstrebenswert, um Mädels zu beeindrucken, sondern, um mich gut zu fühlen. Anstatt Anerkennung von anderen zu suchen, habe ich mich um mein eigenes Wohlergehen gekümmert und plötzlich ging alles wie von selbst. Den Frauen gefällt es natürlich trotzdem ...

Ständig gieren wir Menschen nach Auszeichnungen. Das fängt in der Schulzeit schon an, wo wir gute Noten anstreben oder den Pokal im Sportverein. Später wollen wir das Abitur, denn ohne Abitur sei man ja am Arbeitsmarkt nicht gewollt. Dann das Studium, denn so bekäme man einen guten Arbeitsplatz. Dann das schicke Auto, die teure Uhr, das große Haus, eine bewundernswerte Karriere – ebenfalls mit so vielen Auszeichnungen und Würdigungen wie möglich. Menschen verbringen ein Leben lang damit, nach Überfluss zu streben, um ein Ziel zu erreichen, das sie am Ende nicht glücklich macht.

Ich bin der Letzte, der dieses Bedürfnis glaubhaft verurteilen oder kritisieren kann oder möchte. Schließlich war ich zweimal deutscher Meister im Yo-Yo, habe Abitur gemacht, einen Job mit viel Status angenommen und einen YouTube-Channel mit einer Million Followern aufgebaut. Auch in Zukunft werde ich weiter in allem, was ich tue, nach Großem streben. Schließlich mag ich es, Menschen zu inspirieren und Dinge zu erreichen. Wir alle mögen das und das ist auch gut so – denn so helfen wir uns gegenseitig.

Der Unterschied besteht jedoch darin, ob wir es für die äußere Anerkennung anderer machen, oder ob es uns wirklich erfüllt und glücklich macht. Wenn das nicht so ist, hat all die Anerkennung keinen Wert. Auszeichnungen sind grundsätzlich leere Versprechen. Versprechen nach Erfüllung. Keiner braucht sie und doch streben wir alle danach. Wird dein Abschlusszeugnis jemals für dein Glück von Bedeutung sein wird? Wirst du dir von einem Pokal oder einem Statussymbol, für die du so hart gearbeitet oder trainiert hast, irgendetwas kaufen können? Die bittere Wahrheit ist: Niemanden interessieren diese Dinge, außer dich und dein Ego. Du bekommst ein Schulterklopfen, ein bisschen Aufmerksamkeit, echtes Mitfreuen von guten Freunden oder geheuchelte Beifallsbekundungen. Aber dann bist du mit deinem großen Erfolg allein und irgendwie lässt er dich oft leer zurück. Und dennoch streben wir Menschen danach. Das Problematische ist, dass wir dadurch alles auf den Kopf stellen und das Gegenteil von dem erreichen, was wir eigentlich wollen.

Wenn wir all dem auf den Grund gehen wollen, dann ist es so, dass wir jemanden sehen, der Erfolg hat und dafür Auszeichnungen erhalten hat. Jemand, der im Sport Erfolg hat, bekommt einen Pokal. Jemand, der Erfolg im Job hat, bekommt ein gutes Gehalt. Jemand, der Erfolg mit Musik hat, kommt auf Platz eins der Charts. Nun betrachten wir von außen diesen Erfolg und denken uns: Ich möchte auch einen Pokal, ich möchte auch ein hohes Gehalt oder ich möchte auch auf Platz eins.

> *Wir setzen den Fokus auf das Ergebnis,*
> *das andere Leute erzielt haben,*
> *die wir für erfolgreich halten.*

All die Auszeichnungen, das Gehalt und der Pokal sind jedoch nicht der Erfolg, sondern nur Resultate des Erfolges. Der wahre Erfolg des Sportlers ist, dass er täglich mehrere Stunden trainieren geht. Der wahre Erfolg derjenigen, die ein hohes Gehalt bekommt, ist, dass sie so viel geübt und gelernt hat, dass sie verdammt gut ist in dem, was sie macht, und daher einen so großen Wert erschafft, dass sie dafür entsprechend gut bezahlt wird. Der wahre Erfolg des Musikers ist es, dass er tagein, tagaus an seiner Musik und seiner Musikerkarriere gearbeitet hat und dann irgendwann tatsächlich auf Platz eins der Charts gelandet ist.

Anstatt uns also auf das Ergebnis zu fokussieren, sollten wir das ins Zentrum unserer Aufmerksamkeit rücken, was die von uns bewunderte Person oder Personengruppe tagtäglich *macht*. Denn Erfolg ist nie das Ergebnis, sondern der Weg dahin. Die Yo-Yo-Meisterschaften waren nur das Ergebnis dessen, dass ich es geliebt habe, Yo-Yo zu spielen. Nur weil ich es geliebt habe, habe ich es jeden Tag gemacht, den ganzen Tag. Und weil ich es tagein, tagaus gemacht habe, konnte ich auch an den Meisterschaften teilnehmen und diese gewinnen. Gleiches gilt für erfolgreiche Sportler, Unternehmerinnen, Musiker und Nobelpreisträgerinnen. Sie lieben ihre Tätigkeit – die Auszeichnung, die sie vielleicht irgendwann bekommen, ist nur das Ergebnis ihres täglichen Übens. Das Spiel wird im Training gewonnen, nicht am Tag des Finales. Wenn du also so sein willst wie deine Idole, dann bewundere nicht deren Ergebnisse, sondern bewundere deren Verhalten. Kultiviere die guten Gewohnheiten, die dein Idol zum Erfolg gebracht haben. Verhalte dich täglich so, wie deine Idole sich täglich verhalten. Das ist die wahre Trophäe und der wahre Sieg: wenn du in der Lage bist, ein Leben zu leben, auf das du stolz bist!

Ganz wichtig dabei: *Verhalte dich so, wie diese Menschen sich wirklich verhalten, nicht wie sie sich promoten.* Nein, der Fußballweltmeister isst nicht jeden Tag Nutella, auch wenn er das Produkt vielleicht bewirbt. Nein, der erfolgreiche Musiker nimmt nicht täglich Drogen oder Alkohol zu sich, auch wenn er diese Themen vielleicht in seinen Songs thematisiert. Erfolgreiche Menschen haben in der Regel einen sehr eintönigen Tag: Alles dreht sich nur um eine Sache! Der Fußballer will besser Fußballspielen, die Musikerin will bessere Musik machen und der Geschäftsmann will bessere Geschäfte machen.

Erfolgreiche Menschen entscheiden sich für eine Sache und arbeiten kontinuierlich daran, in dieser Sache besser zu werden.

Irgendwann kommt fast automatisch die Trophäe, der Titel oder irgendeine Auszeichnung. Wenn man dafür entsprechend gearbeitet hat, kann man diese Auszeichnung natürlich auch genießen – es ging auf dem Weg dahin aber nie wirklich um den Titel, sondern immer um den Erfolg. Und der Erfolg liegt in deinen täglichen Handlungen – nicht in dem Moment, in dem du die Trophäe für deine täglichen Handlungen empfängst. Der Titel ist nur ein Symbol dafür, dass du die Handlungen lange genug ausgeführt hast, dich immer weiterentwickelt hast, täglich dazugelernt hast und nie aufgegeben hast. All das ist wunderbar, aber für Erfolg brauchst du keinen Titel. Im Gegenteil, der Titel hält dich vom Erfolg ab, da die meisten Titel am Anfang unerreichbar scheinen. Der Erfolg hingegen ist zum Greifen nah: Du musst dich einfach nur für eine Sache entscheiden und jeden Tag so viel Zeit wie möglich damit verbringen, darin besser zu werden.

So habe ich es mit dem Yo-Yo gemacht und bin deutscher Meister geworden – indem ich jeden Tag im Durchschnitt sieben Stunden trainiert habe, sieben Tage die Woche. Dann habe ich das Gleiche mit YouTube gemacht und habe über eine Million Fans bekommen und eine Reichweite von mehr als einer Viertelmilliarde Aufrufe erreicht. Ähnlich wie beim Yo-Yo-Spielen gab es hier keinen tieferen Grund als den, dass ich es geliebt habe, Videos zu machen. Daher war ich bereit, mir Tage und Nächte um die Ohren zu hauen, in denen ich nichts anderes gemacht habe. Ich wollte es machen, weil ich mir zu dem Zeitpunkt nichts Besseres vorstellen konnte. Ähnlich wie Quincy Jones halt Musik macht oder Oprah Winfrey Fernsehshows. Meine neue Aufgabe ist das Coaching, auch hier bin ich fokussiert und lasse mich nicht durch irgendetwas ablenken, darin weiterzukommen. Mein Ziel ist es, einer Million Menschen dabei zu helfen, ein grenzenloses Leben zu führen. Ich werde mich vermutlich freuen, wenn ich das erreicht habe. Vielleicht wird es mir auch genauso gleichgültig sein wie das Erreichen der Eine-Million-Abonnenten-Marke. Verstehe mich nicht falsch, ich liebe jeden einzelnen meiner Abonnenten und bin bis heute endlos dankbar für die Unterstützung. Meine Reaktion auf die Trophäe ist mir jedoch vollkommen egal, das Einzige, worauf es ankommt, ist der Weg, täglich ein paar Schritte nach vorne zu gehen und in jedem einzelnen Schritt Erfüllung zu finden. Es geht nur um die Durchführung der einfachen kleinen Aufgaben. Finde diese Aufgaben, die du täglich tun kannst und in denen du Erfüllung findest. Wenn das der Fall ist, ist die Trophäe am Ende nur die logische Konsequenz guter und disziplinierter Arbeit. Das Grenzenlose an meinem Leben ist es, in der Lage zu sein, zu tun und zu lassen, was ich möchte. Während ich mich der Aufgabe widmen kann, anderen Menschen ebenfalls zu helfen ihre Grenzenlosigkeit zu erlangen. Das erfüllt mich, daher mache ich es.

Was ist deine Lebensaufgabe? Wie kannst du in die Grenzenlosigkeit kommen? Was auch immer es ist, die Motivation sollte niemals das Ergebnis sein, sondern dein Erleben.

Schaue also nicht auf die Trophäe, sondern finde Erfüllung in deinem täglichen Tun.

Wenn dir das nicht möglich ist, bist du auf dem falschen Weg. Ändere ihn und schlage stattdessen einen erfüllenden Weg ein. Wenn du eine gute Anleitung lesen möchtest, wie du das tun kannst, dann empfehle ich dir das Buch »Erfolg haben« von meinem Co-Autor Florian. Ich habe damals ein Studium angefangen, obwohl ich wusste, dass es nicht mein Weg ist. Viele Monate habe ich daran festgehalten und mich gequält. Ich hatte damals den Glaubenssatz, dass man alles, was man anfängt, auch zu Ende bringen sollte – zudem wurde in der Schule und in meinem Umfeld immer wieder gesagt, dass ein Studium *Pflicht* sei, wenn man es im Leben zu etwas bringen möchte. Das war einer der größten Fehler, den ich je gemacht habe. Ich habe nicht nur einer Trophäe hinterhergejagt, die für mich keinen Wert hatte – dem Abschlusszeugnis –, sondern verfolgte zudem einen Weg, der überhaupt nicht meiner war. Mach du nicht den gleichen Fehler! Sondern gehe den für dich richtigen Weg. Vielleicht ist es bei dir ein Studium oder irgendetwas anderes, wo du am Ende einen Titel, eine Führungsposition oder ein Zeugnis bekommst. Dagegen ist absolut nichts einzuwenden. Sei dir nur vollkommen klar darüber, dass das Zertifikat keinen Wert hat, sondern einzig und allein die Fähigkeiten und das Selbstvertrauen, das du dir dabei aneignest. Für ihr Buch, »5 Dinge, die Sterbende am meisten bereuen«, hat Bronnie Ware folgende fünf Dinge herauskristallisiert, die Menschen auf dem Sterbebett mit Reue erfüllen:

1. »Ich wünschte, ich hätte den Mut gehabt, mein eigenes Leben zu leben.«
2. »Ich wünschte, ich hätte nicht so viel gearbeitet.«
3. »Ich wünschte, ich hätte den Mut gehabt, meine Gefühle auszudrücken.«
4. »Ich wünschte mir, ich hätte den Kontakt zu meinen Freunden aufrechterhalten.«
5. »Ich wünschte, ich hätte mir erlaubt, glücklicher zu sein.«

Dein Leben besteht aus deinen täglichen Handlungen. Wenn diese dich nicht erfüllen, ist dein Leben nicht erfüllend. Arbeite also niemals auf einen Titel hin, sondern finde die Erfüllung in jedem einzelnen Akt, den du ausführst. Dafür muss es nicht immer Spaß machen, auch ein Profisportler quält sich durch sein Training. Aber du musst am Ende vom

Spielfeld, aus dem Büro, aus dem Atelier oder deiner Werkstatt gehen und sagen können: *Heute war ein erfolgreicher Tag!* Denn ich bin ein paar Schritte vorangekommen. Diese Anerkennung dir selbst gegenüber ist die einzige Anerkennung, die wirklich von Wert ist.

grenzenlos!

Jeder Tag gehört nur dir – mach etwas daraus!

Warum mein ganzer Besitz in einen Koffer passt

Eines Tages platzte mir der Kragen. *Es reicht!*, dachte ich mir, *so will ich nicht den Rest meines Lebens verbringen. Eingezwängt zwischen all dem Scheiß. Das kann es nicht gewesen sein!*

Ich schaute auf die vielen unnötigen Anschaffungen, die sich über die letzten Jahre angesammelt hatten. Anschaffungen, die ich nie wirklich gebraucht hatte, und fühlte mich gelähmt. Warum habe ich mir das Zeug nochmal angeschafft? Ich weiß es nicht. Ein langer Blick aus dem Fenster, ich folgte dem Fluss, wie er seicht und frei dahinfloss, und plötzlich fühlte auch ich mich frei, denn in dem Moment fällte ich eine Entscheidung: Ich würde das ganze Zeug verkaufen und meine Wohnung kündigen. Denn ich wollte nun nicht mehr nur mental *grenzenlos* sein – sondern eben auch geografisch. Nicht mehr an Zwänge, wenig erfüllende Bedürfnisse oder Gegenstände gebunden zu sein, fühlte sich an, als wäre ich so leicht wie eine Feder. Wir Menschen beschränken uns in zweierlei Hinsicht: indem wir Zeit aufwenden, um Geld zu verdienen, womit wir dann Sachen kaufen, die wir nicht wirklich brauchen. Dies führt dazu, dass uns diese Zeit für die wesentlichen Aktivitäten des Lebens fehlt: unsere Gesundheit, unsere Beziehungen, Reisen, Hobbys. Nun haben wir all die materiellen Dinge, für die wir Platz brauchen. Eine große Wohnung oder ein Haus müssen her, damit wir dieses Zeug unterbringen. Wir müssen nun also noch zusätzlich Zeit aufwenden, um den Wohnraum zu bezahlen, indem unsere Sachen verstauben, während wir am Arbeiten sind.

Versteh mich nicht falsch, arbeiten und Geld verdienen ist großartig. Nur warum sollten wir uns selbst begrenzen, indem wir das Geld nun gleich wieder für sinnloses Zeug ausgeben? Es ergibt doch viel mehr Sinn, Rücklagen und Investitionen zu bilden und sich somit Zeit und Raum für die wirklich wichtigen Dinge des Lebens zu schaffen – Dinge, die wir ohne Geldsorgen tatsächlich genießen können. Bei mir sind dies der Sport, die Gesellschaft wunderbarer Menschen, Liebe, Meditation, Lesen – bei dir sind es vermutlich andere Dinge. Die meisten Menschen streben stattdessen danach, viel Geld zu verdienen, um es direkt wieder auszugeben. Sie arbeiten teilweise sogar in Jobs, die ihnen gar nicht liegen. Sie quälen sich also durch den Tag, nur um am Ende des Tages, nachdem die Rechnungen bezahlt sind, auf null zu sein und am nächsten Tag wieder von vorne zu beginnen.

Lebst du wirklich das Leben, das du leben möchtest?

Ist es das Leben, das du dir als Kind erträumt hast? Meins ist es definitiv nicht! Anstatt sich diese Fragen zu stellen, verbringen zahlreiche Menschen ein Leben lang damit, nach Überfluss zu streben. Nur um einen Zustand zu erreichen, der sie nicht glücklich macht. Wir geraten in diesen Strudel hinein, indem wir unser Leben danach ausrichten, Dinge zu verfolgen, von denen wir denken, dass wir sie wollen, doch leider selten nach dem, was wir wirklich brauchen. So gewinnen Sex, Geld und Status mehr unserer Aufmerksamkeit und Zeit, während Liebe, Seelenfrieden und Familie stattdessen auf der Strecke bleiben.

Dies ist eine Falle, die du vermeiden kannst, wenn du dir bewusst machst, dass Konsum dich nicht glücklich machen wird. Konsum ist lediglich ein Pflaster für ungelebte Träume oder Bedürfnisse in anderen Lebensbereichen. Frage dich lieber, was dir fehlt. Eine Partnerschaft? Freundschaften voller Inspiration, Nähe und Ehrlichkeit? Ein gesunder und fitter Körper? Ein erfüllendes Hobby? Ein Beruf, voller spannender Herausforderungen? Das und vieles mehr sind ungelebte Bedürfnisse, die viele Menschen einfach mit dem Pflaster des Konsums überkleben, anstatt sie bewusst in Angriff zu nehmen.

Ich habe einen Bekannten, der sein ganzes Leben darauf ausgelegt hat, nach außen immer reich, glücklich und erfolgreich zu wirken. Täglich postet er Bilder von seiner Rolex, anderen Statussymbolen und exklusiven Orten, an denen er sich aufzuhalten scheint. Wenn ich ihn jedoch frage, wie es ihm geht, antwortet er: »Ich glaube, ich habe Depressionen.« Dieses unbewusste Vorgehen ist gewissermaßen auch verständlich. Natürlich ist es leichter, in ein Einkaufszentrum oder auf eine Shopping-Website zu gehen und mit ein paar Klicks viel Geld auszugeben, als die Dinge zu tun, die wirklich glücklich machen. Sei es im Fitnessstudio zu trainieren, auf ein Date zu gehen, ein neues Hobby aufzunehmen oder sich seinen Freunden gegenüber zu öffnen und verletzlich zu zeigen.

Ich erinnere mich an einen Moment, als ich zu einer Frau im Fitnessstudio gesagt habe: »Ohh … wow! Du bist bildschön.« Daraufhin drehte ich mich um und trainierte weiter. Ich wollte keine bestimmte Reaktion von ihr. Ich hatte keine Intentionen. In dem Moment kam es einfach aus mir rausgesprudelt. Ungefiltert. Meine Reaktion war echt, ehrlich und ich wollte sie nicht zurückhalten, wie ich es schon so häufig in derartigen Situationen getan hatte. Die junge Frau kam später von alleine auf mich zu und fragte mich, was ich denn »heute Abend noch so vorhätte«. Wir alle sehnen uns nach Echtheit. Leider filtern wir aber genau das, was wir eigentlich wollen. Stattdessen suchen wir dann durch Status-symbole und Konsum nach dem Glück, das wir uns in den echten, alltäglichen zwischenmenschlichen Situationen ver-wehren. Doch das Problem ist: Geld ausgeben, um Glück zu finden, ist der gleiche Mechanismus, wie den ganzen Tag vor einem Bildschirm zu sitzen, um Glück zu finden. Ja, du wirst die Dopaminstöße bekommen und ja, du wirst dich für einen kurzen Moment gut fühlen. Doch dann kommt die Leere und du musst nach dem nächsten Dopamins-toß suchen, der nächsten Sucht frönen. Die Dinge, die uns hingegen wirklich erfüllen, sind schwieriger zu erreichen, da dies meist aufwändiger ist als nur ein Klick. Das sollte dich aber nicht davon abhalten, den »schwierigen« Weg zu gehen und deinen Partner, deine Traumfigur und erfüllende Freundschaften zu finden. Denn dieser Weg ist nur kurzfris-tig schwieriger, langfristig jedoch sehr erfüllend.

Die dauernde Suche nach kurzfristigen Vergnügungen und Bestätigungen wird dich immer weiter aushöhlen und zermürben.

Eine gute Grundregel für alles lautet: Wenn etwas keiner Be-mühungen oder Arbeit bedarf, um es zu bekommen, ist es vermutlich auch nicht wert, es zu haben. Die meisten Men-schen jedoch machen das Gegenteil: Konsum nimmt zu. Noch ein paar Schuhe, noch eine Tasche, das neueste Smart-phone, das teurere Auto, der Urlaub mit den besten Kulissen für die Instagram-Fotos. Wenn wir jedoch ehrlich zu uns selbst sind, brauchen wir das meiste davon nicht. Im Gegen-teil, das Streben danach nimmt uns Zeit, Energie und Geld. So fehlen uns diese Ressourcen, um das zu erreichen, was uns im Innersten erfüllt. Nach immer mehr Dingen und Dopaminstößen zu suchen, ist also nicht nur sinnlos – es führt uns auch weiter und weiter von unserem eigentlichen Lebensweg weg. Dem Weg, der uns tatsächlich erfüllen würde.

Eines Tages griff ich wie automatisch zu meinem Handy, genauso wie ich es schon tausende Male getan hatte, ich öffnete Instagram und fing an zu scrollen. Wie ich es immer tat, wenn mir langweilig war. Plötzlich hielt ich für einen Moment inne und spürte die Leere in mir, spürte, wie ich mich einem automatischen Prozess hingab, als sei ich einer von Pawlows Hunden. Als ich das erkannte, besann ich mich darauf, nur noch das zu tun, was mir wirklich wichtig ist. Dabei erinnerte ich mich an einen meiner frühen Mentoren. Als Kind hatte ich eine Zeitlang Schach gespielt und wurde aufgrund eines Talents, das ich lange Zeit leider nicht weiter kultiviert habe, von meinem damaligen Schachlehrer gefördert.

Eines Tages besuchte ich den Schachlehrer zu Hause und fragte ihn beim Anblick seiner Wohnung völlig verwundert: »Warum haben Sie denn gar keine Sachen?« Er lachte und ich schaute mich genauer um. Es gab eine Matratze auf dem Boden, ein paar Bücher daneben, eine Leselampe, ein Schachbrett, einen Tisch und einen Stuhl. Das war alles.

»Viel habe ich nicht, das stimmt«, antwortete er. »Aber ich habe etwas, was die meisten anderen Menschen nicht haben.« Dann hob er die Hand und legte Zeigefinger und Daumen zusammen, als wolle er genussvoll die kommenden Worte, die er sprach, mit einer untermalenden Geste betonen: »*Ich habe Raum.*«

Dieser Satz hat mich so beeindruckt, dass ich ihn nie vergessen habe. Trotzdem bin ich erst mal den Weg der Masse gegangen. Ich habe Geld verdient und Dinge gekauft. So besaß ich zum Beispiel unter anderem einen Hufeisenmagneten, einen Globus, ein Fettmessgerät – nichts von alledem hatte ich jemals benutzt. Dann war da noch die Zwölferpackung Deos, die ich entsorgen musste, weil ich es, nachdem ich zwei Packungen benutzt hatte, nicht mehr riechen konnte. Ich hatte eine zu teure Wohnung gemietet und zudem noch alles Mögliche an Zeug von meinen Sponsoren, die ich als YouTuber hatte, eingesammelt – Handys, Tablets, Klamotten, Gadgets und jede Menge andere Gegenstände. Eines Tages saß ich in meiner Wohnung, sah mein Spiegelbild in meinem überdimensionalen Fernseher, umgeben von all diesen Sachen und dachte mir: *Ist das wirklich alles im Leben? Soll dies das Glück sein, nach dem alle streben?* Da traf es mich wie ein Schlag: Mein ganzes Leben bin ich der Fülle hinterhergelaufen, die den Mangel ausgleichen sollte, den ich in meiner Kindheit erlebt hatte. Doch nun saß ich hier in einer zu teuren Wohnung mit unglaublich vielen Dingen darin und dennoch fühlte ich mich leer. Ich hatte einen entscheidenden Fehler gemacht:

Anstatt die Fülle in mir zu finden, habe ich sie im Äußeren gesucht.

So erkannte ich, dass es nicht auf Materielles ankommt, sondern auf die Erlebnisse, die wir erfahren, die Fähigkeiten, die wir uns aneignen, und die Beziehungen, die wir uns aufbauen. Es geht darum, wie erfüllt wir uns in unserem Inneren fühlen, nicht wie befüllt unser Heim ist. Also entschloss ich mich, all das aufzugeben und stattdessen nach wahrer Erfüllung zu suchen. Ich wollte *grenzenlos* werden, nicht nur mental, sondern auch physisch. Ich wollte nichts haben, was mich an einen bestimmten Ort bindet und nichts besitzen, was ich nicht benötige. Also keine Dinge, die mich belasten, weil sie einfach nur Ballast sind. Ich fragte mich, was ich wirklich brauche: Ausweis, Bankkarte, Zahnbürste, Smartphone, Handtücher, ein bisschen Kleidung und einen Koffer – vielleicht noch ein Yo-Yo, das ich in meinen Voträgen auf der Bühne einsetze. Mehr ist es nicht. Das eine oder andere Tool ist je nach Beruf vielleicht noch sinnvoll – sei es ein Laptop, Tablet oder sonstiges Werkzeug. Also Tools und Accessoires, die hilfreich sind und tagtäglich unser Leben bereichern. Alles andere ist unnötiger Überfluss.

Es ist wundervoll zu wissen, sich mehr Zeug leisten zu *können*, es aber dennoch *nicht zu tun*. Natürlich ist es wunderschön, eine tolle Wohnung zu haben – besonders für mich war es eine Befreiung, nachdem ich es aus den Armutsverhältnissen meiner Kindheit geschafft hatte. Es ist auch schön, wenn du dir die teure Jacke leisten kannst, an der du am Schaufenster immer vorbeigelaufen bist. Ich bin absolut nicht dagegen, sich etwas Tolles zu leisten. Ich tue das auch, doch es ist wichtig, dies bewusst zu tun. Sich nur die Dinge zu leisten, die einen innerlich erfüllen, einem wirklich nutzen. Das bringt viel mehr Erfüllung und Freude als das Zeug, das ich mir davon kaufen könnte. Zu wissen, dass ich mir im Notfall eine gute gesundheitliche Versorgung leisten könnte, einen spontanen Flug zu meinen Liebsten buchen kann, wann immer ich möchte, oder mir jederzeit eine Urlaubsreise leisten zu können, ist viel schöner, als Schränke voller Zeug zu haben, von dem ich das meiste höchstens wenige Male im Jahr nutze.

Immer mehr Menschen leben stattdessen von Monatsgehalt zu Monatsgehalt. Das, was am Anfang des Monats reinkam, ist am Ende des Monats wieder aufgebraucht – bei einigen endet der Monat gar in den roten Zahlen. All das wäre überhaupt nicht nötig – fast jeder in Deutschland und Zentraleuropa hat höhere Einkünfte, mehr als er wirklich für ein würdevolles Leben braucht. Wenn wir uns also den Ballast sparen würden, der uns in Wirklichkeit unglücklich macht, hätten wir nicht nur mehr Zeit für die wesentlichen Dinge, sondern würden auch Rücklagen ansparen. Diese Rücklagen sorgen dafür, dass wir ein ruhigeres Leben haben, denn Geld entspannt. Wenn du mehr hast, als du verbrauchst, kannst du dich plötzlich zurücklehnen und dich entspannen. Dafür musst du nicht reich sein, sondern einfach nur regelmäßig sparen und das angesparte Geld sinnvoll anlegen. Eine wirtschaftliche Krise, eine Pandemie oder ein Jobverlust sind dann plötzlich nicht mehr potenzielle Genickbrecher für deine Existenz. Während diejenigen, die ihr Geld jahrelang für sinnlosen Scheiß ausgegeben haben, in so einer Situation in Panik geraten, kannst du dich entspannt zurücklehnen und die turbulenten Zeiten einfach an dir vorbeiziehen lassen.

Vor Kurzem rief mich ein Freund an und jammerte darüber, dass er bis Ende des Monats noch 7.000 Euro verdienen müsse. Warum? Weil seine teure Wohnung, der Sprit seines Autos, sein pompöser Lebensstil und das ständige Essengehen ihn im Schnitt 10.000 Euro im Monat kosten. Absolut nicht meine Lebensrealität. Er ist nicht glücklich und leidet unter Lebensumständen, die er selbst in der Hand hat und jederzeit ändern kann. Das Loch, das jeder von uns besitzt, das durch Kindheitstraumas entstand, lässt sich nicht mit materiellen Dingen stopfen. Und wenn man es versucht, wird es sehr schnell sehr teuer. Er nutzte Luxus wie ein Pflaster für die Wunde seiner Seele. Er ging sogar so weit, dass er neue Socken nach einmaligem Tragen in den Müll schmiss. Ich gab meinem Kumpel den Rat, seine Ausgaben zu minimieren und sich um sein inneres Glück zu kümmern. Er verstand sofort, was ich meinte.

Don't feed the monster.

Meinst du nicht, dein inneres Glück, deine Freiheit, das Bewusstsein, *grenzenlos* zu sein, würde dein Leben mehr bereichern als ein 16. Paar Schuhe? Nun gebe ich zu, dass es Besitz gibt, an den man sich gewöhnt hat und dementsprechend schwer fällt es dann, ihn wieder loszulassen. In meiner Wohnung befanden sich zahlreiche Dinge, mit denen ich gehadert habe, als ich sie aussortierte. Wertvolles Kameraequipment, technische Gadgets, schöne Kleidung. Doch eines kann ich dir verraten: Sobald ich mich von diesen Dingen gelöst hatte, fühlte ich mich fast umgehend besser, als das mit dem ganzen Kram im Schrank jemals der Fall war. Alles, was übrig blieb, war mein Laptop, ein paar T-Shirts, Hemden, Unterwäsche, ein paar Hosen, ein Yo-Yo, ein Schachbrett, meine Brieftasche und mein Handy. Mehr brauche ich nicht.

Wenn du eine Familie hast, bist du womöglich etwas eingeschränkter, als ich es bin. Vielleicht fühlst du dich an einen festen Job gebunden oder an einen festen Wohnort. Das ist okay. Dies sollte dich jedoch nicht davon abhalten, dich von unnötigem Ballast zu befreien und dir mehr Freiheit zu ermöglichen. Selbst nebenberuflich bestehen zahlreiche Möglichkeiten, sowohl finanziell als auch zeitlich freier zu sein. Im Internet lässt sich für jeden Geld verdienen. Ich empfehle jedem, sich über die seriösen Verdienstmöglichkeiten über das Internet ausgiebig zu informieren. Natürlich ist das immer damit verbunden, sich neues Wissen anzueignen. Egal ob du in Kryptowährungen handelst, programmieren lernst oder einen Online-Shop aufmachst. Alles ist mit Risiken verbunden und bedarf somit ausgiebiger Recherche, indem du Bücher liest, Online-Kurse belegst und Podcasts hörst. Doch das Schöne ist: Wenn du Social Media und andere Zeitfresser loslässt, hast du plötzlich diese Möglichkeiten. Stell dir vor, wie viel Wissen du inzwischen hättest, wenn du statt abends Netflix anzuschalten einen Online-Kurs belegst oder ein Buch gelesen hättest? Doch bevor du etwas Neues anfängst, solltest du dich als Allererstes von Altem lösen. Denn alles, was dich an Dingen umgibt, zieht zu einem gewissen Grad deine Aufmerksamkeit und andere Ressourcen wie Zeit und Geld an sich.

Wenn du nun dein Zeug durchgehst und es loslässt, stell dir einfach nur eine Frage: Was benutze ich wirklich jeden Tag? Alles andere sortierst du direkt aus. Bei dem, was übrig bleibt, stellst du dir noch folgende Zusatzfragen: Macht mich das glücklich? Ist es essenziell für mein Leben? Auch hier sortierst du alles aus, wo die Antwort *nein* lautet. Jetzt wirst du feststellen, dass vermutlich nicht viel mehr als ein Koffer voll übrigbleibt – trotz ein paar Wechselklamotten und vielleicht einem Kartenspiel, einem Ball oder ein bis zwei anderen Spielzeugen. Dinge, die dir regelmäßig so viel Lebensqualität bereiten, dass du sie nicht abgeben möchtest, obwohl du sie vielleicht nicht jeden einzelnen Tag nutzt.

Wenn du das getan hast, bist du frei. Plötzlich fühlst du dich leicht und spürst keinerlei äußeren Ballast mehr, der dich aufhält oder zwanghaft an einen bestimmten Ort bindet. Du bist nun geografisch *grenzenlos* und auch geistig, zeitlich und finanziell hast du viel mehr Kapazitäten als vorher – es ist unglaublich, wie viel Freiheit uns unnötige Dinge nehmen, die wir besitzen. Denn wir müssen sie uns ja nicht nur erarbeiten und Zeit, Geld und Energie dafür hergeben, um sie zu kaufen. Dann müssen sie gelagert, gereinigt, beschützt und irgendwann entsorgt werden. Alles Zeit, Geld und Energie, die wir kontinuierlich in das ganze Zeug stecken müssen.

Wenn wir es stattdessen schaffen, uns davon zu lösen, dann wird unser Leben plötzlich deutlich lebenswerter. Wir arbeiten auf einmal nicht mehr für Zeug und dafür, die Konten der Hersteller des ganzen Zeugs zu füllen. Völlig zu schweigen von der Umweltverschmutzung, die wir verursachen, indem wir Klamotten, Technik und Autos nachfragen, die wir eigentlich gar nicht nutzen. Stattdessen schützen wir die Umwelt, schaffen uns selbst Freiheit und arbeiten für uns und nicht für andere. Dabei füllen wir unsere eigenen Taschen und versetzen uns so einerseits in die Lage, für uns selbst sorgen zu können – auch in Krisenzeiten. Andererseits erschaffen wir uns die Möglichkeit, die Dinge zu tun, die uns wirklich erfüllen: Gesundheit, Reisen, Weiterbildung, Weiterentwicklung.

Und am wichtigsten: Wir haben plötzlich Zeit und Raum für uns selbst und unsere Beziehungen. Möglicherweise sagst du nun: *Aber ich habe doch nicht einmal Geld für Reisen oder Weiterbildung. Ich stehe noch ganz am Anfang.* Das ist nicht schlimm, wie du weißt, stand ich dort auch. Das sollte dich jedoch nicht davon abhalten, die Dinge zu tun, die dir guttun. Podcasts kosten nichts, viele Weiterbildungsressourcen im Internet sind ebenfalls frei, ein Besuch in der Bibliothek ist ebenso für jeden verfügbar wie ein Camping-Urlaub, eine Wanderung im Wald, Sport im Freien oder eine offene Vorlesung an der Uni. Wer lernen, sich weiterentwickeln und wachsen möchte, hat immer Möglichkeiten. Egal wie viele Ressourcen zur Verfügung stehen. Ich hatte am Anfang nichts außer einem Yo-Yo und Zeit. Daraus sind die ersten Chancen für mich entstanden, als ich aus einer vermeintlich chancenlosen Umgebung kam. Dann bin ich weitergegangen und habe mir neue Chancen erarbeitet.

Wenn ich das konnte, dann kannst du das auch. Jeder kann das, egal wie jung oder alt, egal welche Herkunft, Hautfarbe oder Religion. Du bist ebnest deinen eigenen Weg. Niemand kann dir das abnehmen.

> *Wir legen den Zwang ab und erschaffen uns ein Leben voller Leichtigkeit.*

Denn die größte Falle von Besitz ist der Zwang, sich darum kümmern zu müssen. Der Zwang, das er erhalten bleibt. Der Zwang, ihn mitschleppen zu müssen, wenn wir den Ort wechseln. Immer noch eine Kiste mehr, ohne nennenswerten Mehrwert. Nimm jedes Teil, das du besitzt, einzeln in die Hand und überlege dir, ob du es nutzt. Wenn nicht, dann gib es weiter. Verkaufe es auf eBay, schenke es jemandem, der es gebrauchen kann, oder spende es. Denn damit tust du nicht nur dir etwas Gutes, indem du den Ballast loswirst, der dich wortwörtlich runterzieht und aufhält. Sondern du tust auch anderen Menschen und der Welt etwas Gutes. Du sorgst dafür, dass Ressourcen dahin kommen, wo sie tatsächlich gebraucht werden. Denn während du die Klamotten im Schrank hast, gibt es anderswo jemanden, der aus Mangel an Klamotten friert. Zudem schützt du die Umwelt, denn für jedes Teil, was nicht extra neu hergestellt werden muss, sondern von jemand anderem gebraucht gekauft werden kann, tust du mehr für das Klima, als wenn du zu Fridays For Future gehst oder einen alarmierenden Hashtag auf Social Media postest. Anstatt dich über Klimawandel und Umweltzerstörung zu echauffieren, tust du tatsächlich etwas, indem du proaktiv Ressourcen schonst. Jedes Kleidungsstück, das einen neuen Besitzer findet und daher nicht Unmengen an Chemikalien für die Produktion eines neuen die Umwelt verschmutzt, jedes Möbelstück, das nicht extra hergestellt werden muss und für das keine Bäume gefällt werden müssen, jedes technische Gerät, für das keine weiteren seltenen Erden gefunden werden müssen – all das schont Ressourcen. Im Gegensatz zu leeren Sprachchören auf einer Demo.

Indem du unnötigen Ballast loswirst, hilfst du also allen und schaffst für alle Mehrwert: für dich selbst, für andere Menschen und für Pflanzen, Tiere und die Umwelt. Nur wenn wir alle entsprechend umdenken, schützen wir uns, finden Glück und Erfüllung und schützen die Umwelt und das Klima. Das ist der Grund, warum all mein Besitz in einen Koffer passt. Ich lebe ohne Ballast und tue das, was ich liebe: als Coach anderen dabei zu helfen, ebenfalls grenzenlos zu werden und ihr höchstes Potenzial zu entfalten.

Bist du auch bereit für einen entsprechenden Wandel? Bist auch du bereit, dich von dem Ballast zu befreien, der dich herunterzieht? Bist du auch bereit, das zu tun was dich erfüllt, was immer das für dich sein mag? Dann fang jetzt sofort an, Zeug auszusortieren und diese Ressourcen neu zu verteilen. Du musst ja nicht sofort auf nur einen Koffer reduzieren – wenn dir das am Anfang zu extrem ist, fang erst mal mit den Dingen an, die du seit über einem Monat nicht benutzt hast und sortiere sie alle aus. Zusätzlich motivieren kannst du dich zum Beispiel damit, dass du dir vornimmst, eine Reise oder etwas anderes Schönes mit dem Geld zu unternehmen, das du auf eBay oder Kleinanzeigen für den Verkauf deines überschüssigen Besitzes einnimmst. So profitierst du gleich doppelt: Der Ballast ist weg und du erfüllst dir gleichzeitig einen Traum.

grenzenlos!

Alles, was du suchst, hast du schon dabei!

Loslassen, oder warum du dir immer wieder selbst schadest

Als ich in der Vorschule war, wollte ich mich einmal mit meinem damaligen besten Freund Robert verabreden, der erste beste Freund, an den ich mich erinnern kann. Auf dem Pausenhof waren wir unzertrennlich. Auf meine Frage, ob ich zum Spielen mit zu ihm nach Hause kommen könne, antwortete er: »Meine Mama hat gesagt, ich darf keine Ausländer mit nach Hause nehmen.« Ich war ein kleiner Junge und hatte glücklicherweise noch keine Ahnung davon, was Rassismus ist oder was die Aussage Roberts bedeutete. Er wusste sicherlich noch nicht, was die wahre Bedeutung seiner Worte waren. Was ich jedoch verstand, war, dass ich bei ihm zu Hause nicht willkommen war. Auch verstand ich, dass ich für Robert scheinbar nicht so ein guter Freund war wie er für mich. Beides fühlte sich nicht gut an. Es war, als hätte er plötzlich eine Mauer zwischen uns gebaut, eine Trennwand, die mich aus seiner Welt ausgrenzte. Damals hätte ich das so noch nicht beschreiben können, doch heute weiß ich, warum die Freundschaft an der Stelle für mich beendet war: Da ich nichts wollte, was sich nicht gut anfühlte, habe ich an der Stelle zum ersten Mal das Loslassen gelernt.

Unsere bis dato enge Freundschaft war damit beendet. Damals hätte ich meine Beweggründe nicht erklären können, heute bin ich selbst beeindruckt von meiner Intuition. Als kleines Kind erkannte ich, dass ich mir selbst mehr scha-

den würde, wenn ich an dieser toxischen Freundschaft festhalten würde, als wenn ich sie einfach losließ und mir einen
neuen besten Freund suchte. Leider machen die meisten von
uns regelmäßig das Gegenteil.

Anstatt etwas loszulassen, das uns schadet,
halten wir daran fest, nur weil es uns
irgendwann mal gutgetan hat.

Sei es das Zeug in unserer Wohnung, eine toxische Freundschaft oder Beziehung, ein Job, aus dem wir herausgewach-
sen sind – oder vielleicht noch nie so richtig reingepasst
haben, ein Ort, den wir nicht verlassen, obwohl es uns woanders besser geht, oder andere Lebensumstände, die uns
in Wirklichkeit mehr einschränken, als dass sie uns bereichern. Es ist, als ob wir uns eine Schlaufe um den Hals gelegt
hätten und diese sich immer weiter zuzieht. Anstatt unseren
Kopf einfach aus der Schlaufe zu nehmen, beobachten wir,
wie wir immer schlechter Luft bekommen. Wie du sicherlich
erkennst: eine ziemlich blöde Idee.

Doch warum tun wir so etwas Irrationales? Einerseits wollen wir – wie bereits beleuchtet – immer gerne an
Altem festhalten. Die Titel und Trophäen, die wir gesam-
melt haben, bedeuten uns etwas. Auch wenn es sich nicht
um einen Zettel im Bilderrahmen an der Wand oder einen
eingestaubten Pokal auf dem Regal handelt – eine gewisse
Form von Trophäe können auch eine Beziehung, eine lang-
jährige Freundschaft, ein Job oder ein Wohnort sein. Selbst
wenn diese Dinge uns in der aktuellen Konstellation nicht
mehr fördern, sondern womöglich gar zurückhalten. Es ist
schwer, sie aufzugeben.

Es heißt oft in der Beziehung »Ach es ist schön, jemanden neben sich im Bett liegen zu haben« oder »Ach, es ist ja

nicht immer so schlimm«. Im Job heißt es: »Ich will gehen, aber nicht heute« oder »Wenigstens habe ich einen Job« und beim Wohnsitz: »Ich weiß ja gar nicht, ob mir der neue Ort gefällt« oder »Aber dann muss ich wieder von vorne anfangen, ich kenne da niemanden«. All diese Dinge bergen ein Gefühl von Gewohnheit, sie sind zu unserer Komfortzone geworden, sie sind gewissermaßen ein Teil von uns geworden. Nur, dass wir nicht erkennen, dass sie irgendwann so viel von uns einnehmen, dass sie uns und unsere Lebensenergie auffressen. Wie eine Krebszelle, die zwar auch ein Teil von uns ist wie unzählige andere Zellen auch – nur eben nicht die Art von Zelle, die uns guttut und die wir uns wünschen. Auch die Krebszelle war irgendwann mal eine gesunde Zelle, die sich dann zu einer kranken Zelle geteilt hat. Genauso ist es manchmal mit unseren Beziehungen oder Lebensumständen. Bis zu einem bestimmten Punkt fördern sie uns und sind wesentliche Bestandteile unseres Weges, doch manchmal entwickelt es sich in eine andere Richtung und plötzlich passt unser Leben nicht mehr mit den vorherigen Umständen zusammen. Das heißt nicht, dass die andere Person kein guter Mensch mehr, der Job oder die Firma kein attraktiver Arbeitsplatz oder die Heimat kein wunderbarer Wohnort mehr ist. All das mag noch der Fall sein – nur eben nicht mehr für uns. Dann müssen wir loslassen.

Denn wenn wir dies nicht tun, wird der Krebs sich ausbreiten und uns irgendwann von innen auffressen. Wenn wir uns hingegen lösen und stattdessen die passenden Umstände für unsere aktuellen Bedürfnisse und Lebensumstände suchen, kann ein gesundes Wachstum stattfinden und wir werden wie automatisch gesünder, fitter, erfüllter und glücklicher. Es gibt nur eine entscheidende Sache, die uns in solchen Momenten davon abhält, die kranke Zelle in unserem Leben wirklich loszulassen: Unsere Angst vor Unsicherheit. Diese Angst – wie jede Angst – hält uns zurück. Sie lässt uns in der Schlinge verharren, anstatt uns selbst zu retten, indem wir einfach den Kopf rausziehen. Emotional fühlt es sich wie ein schlechter Tausch an: Loslassen tut weh, Unbekanntes macht uns Angst.

Gut, dass es eine einfache Methode gibt, die du anwenden kannst, um diese Angst loszulassen: Du ziehst einfach den Kopf aus der Schlinge.

Lass einfach los, was auch immer dir schadet.

Ja, das ist erst mal unbequem. Ja, das kreiert ein Gefühl von Unsicherheit. Ja, du weißt nicht, was als Nächstes kommt. Das stimmt. Aber wenn du den Kopf in der Schlinge lässt, dann weißt du sehr wohl, was kommt – und das ist keine Option!

Wenn du *grenzenlos* sein willst, musst du lernen, dich von allem zu lösen, was dir schadet. Es gibt keine andere Wahl! Obwohl: Genaugenommen gibt es schon eine Wahl. Du kannst dich auch für das Leiden entscheiden. Für ein eingeschränktes Leben. Für den Schmerz. Für immer mehr Traumata. Für eine Schlinge um den Hals, die dir und deinem Leben immer mehr Luft zum Atmen nimmt, bis dein Leben so viele Krebszellen entwickelt hat, dass es nicht mehr lebenswert ist.

Klar, du könntest auch einfach Dinge sagen wie: »*Vielleicht habe ich nichts Besseres verdient«, »Ich bin einfach nicht stark genug«, »Vielleicht erwarte ich einfach zu viel vom Leben«.* Aber ich weiß, dass dies nicht deine Entscheidung sein wird. Ich weiß, dass du dich aus der Schlinge lösen wirst und dich *grenzenlos* entfalten wirst. Warum bin ich mir da so sicher? Weil du sonst nicht so weit gelesen hättest. Selbst wenn dein Verstand vielleicht noch Panik schiebt und an alten, toxischen Lebensumständen festhalten möchte. Deine Intuition, dein Bauchgefühl und dein Unterbewusstsein haben dafür gesorgt, dass du dieses Buch liest, es nicht weglegst und so nach Grenzenlosigkeit strebst. Du musst jetzt nur noch die Entscheidung treffen, darauf zu vertrauen, dass deine Intuition richtig liegt. Dann kannst du umgehend Grenzenlosigkeit in deinem Leben erschaffen – sie ist nur eine bewusste Entscheidung entfernt: der Entscheidung, dir nicht weiter selbst zu schaden. Egal ob mit zu viel Social Media, zu vielen Dingen, dem falschen Ort, der falschen Freundschaft, der falschen Beziehung, dem falschen Job oder was auch immer. Sobald du die Entscheidung getroffen hast, das Falsche in deinem Leben loszulassen, ist es, als ob du das erste Mal nach einem langen Überlebenskampf deinen Kopf aus dem Wasser streckst und Luft holst. Dann schwimmst du ans Ufer und beruhigst dich. Dir steht die komplette Welt offen. Aber bevor das geschehen kann, musst du dich selbst dafür zu entscheiden, dich nicht weiterhin selbst unter die Wasseroberfläche des Lebens zu drücken und aufgrund dieses vergiftenden und bedrohlichen Umstands in kontinuierlichem Überlebenskampf zu verharren.

Entscheide dich stattdessen für Leichtigkeit, Erfüllung und Grenzenlosigkeit. Lass alles los, was dich aufhält.

grenzenlos!
Lass los und du hast beide Hände frei!

Stress ist für Loser

Stress macht dünnhäutig, Stress macht krank, Stress tötet. Jeder kennt diese Klischees, die – selten für Klischees und Volksweisheiten – ausnahmsweise tatsächlich der Wahrheit entsprechen.

Dies ist wissenschaftlich hinlänglich erforscht:

- »Stress schwächt dein Immunsystem und macht dich anfällig für Krankheiten.«
- »Stress erhöht das Risiko für Herzkrankheiten.«
- »Stress macht dich nicht nur körperlich krank, sondern auch psychisch.«
- »Stress verringert die Bildung neuer Nervenzellen im zentralen Nervensystem.«
- »Stress hält dich vom Schlafen ab.«

Die sind die Kernaussagen verschiedener Studien zum Thema. Wer sich genügend Selbstreflexion gönnt, benötigt nicht einmal einen Blick auf wissenschaftliche Forschungsergebnisse, um diese Erkenntnis zu erlangen. Trotz dieses verbreiteten Wissens machen sich die meisten von uns dennoch unendlich Stress. Wir schlafen zu wenig, machen uns um allerlei Dinge und Umstände Sorgen, bewegen uns nicht genug und ernähren uns ungesund. Alle das sind Ursachen für Stress. Zudem regen wir uns im Straßenverkehr über andere Verkehrsteilnehmer auf, ärgern uns über die Chefin oder Kollegen und sorgen uns um unsere Gesundheit, auch wenn kein Grund dazu besteht. Als sei das alles nicht schon genug Stress im Alltag, stressen wir unseren Geist und Körper zusätzlich in den Erholungsphasen: Wir spielen virtuelle Spiele, schauen einen Thriller auf Netflix, essen Chips, trinken Alkohol und gehen auf Partys. Obgleich das alles natürlich nicht verwerflich ist, können diese Aktivitäten dennoch Stress für Geist und Körper verursachen und eignen sich somit nicht zum Ausgleich vom ohnehin stressigen Alltag. Für die meisten Menschen ist der Stress normal. Sie hinterfragen ihren Lebensstil nicht, ändern nichts und machen immer so weiter. Irgendwann werden sie übergewichtig, krank oder depressiv. Die Schuld dafür wird dann den Genen gegeben oder irgendwelche äußerlichen Faktoren. Selten fasst sich der Betroffene selbst an die Nase. Das ist natürlich äußerst unbequem, wenn das Elend erst angerichtet ist. Ich erinnere mich an die Zeit, als ich morgens mit Panik aufgewacht bin, weil ich wusste, dass ich neue Videos produzieren musste, die auch bei den Zuschauern gut ankommen sollten. Davon ausgehend, dass so eine Angst normal sei, kippte ich literweise Koffein, um zumindest meiner Müdigkeit entgegenzuwirken.

Die Frage ist nun: Willst du es auch so weit kommen lassen? Willst du ebenfalls so ein unbewusstes Leben, wie ich es damals geführt habe und die meisten es immer noch tagtäglich führen, das dich krank macht, dir keine Erfüllung bringt und deine Lebenserwartung um mehrere Jahrzehnte verkürzt? Mit Grenzenlosigkeit hat dieser Lebensstil auf jeden Fall nichts zu tun.

Stress ist für Loser.

146

Und wenn du dich für Stress entscheidest, entscheidest du dich gleichzeitig für ein Loser-Leben. Das ist keine Bewertung von mir, sondern ein Fakt. Denn Stress sorgt für körperlichen und geistigen Verfall und kann zu ernsthaften gesundheitlichen Störungen führen wie zum Beispiel zu Herz-Kreislauf-Erkrankungen, Diabetes, Magen-Darm-Erkrankungen, Depressionen, erhöhten Leberwerte oder Hautausschlägen. Zudem aber trägt er dazu bei, dass du keine guten Entscheidungen triffst. Ursprünglich ist Stress als eine gute Funktion von Körper und Geist vorgesehen. Diese Funktion hilft uns, Gefahrensituationen zu entkommen. Alles in deinem Körper und deinem Geist wird im Stressmodus darauf ausgerichtet, dass du mit einer bestimmten Gefahrensituation umgehen kannst. Sei es vor einem gefährlichen Tier oder einem Menschen, der dich angreifen möchte, wegzulaufen, sei es die blitzschnelle Reaktion im Straßenverkehr, die dir dabei hilft, den Unfall zu vermeiden oder das konzentrierte Lösen von Denkaufgaben in deiner Abschlussprüfung. All das sind Situationen, in denen Stress dir kurzfristig weiterhelfen kann. All diese Situationen haben jedoch auch gemeinsam, dass sie einen extremen Fokus benötigen. Alles andere wird in dem Moment ausgeblendet. Obgleich diese Fokussierung sinnvoll für Gefahren- und andere Sondersituationen ist, schadet uns dies in allen anderen Lebensbereichen. Denn je eingeschränkter unsere Wahrnehmung ist, desto weniger sind wir offen für Chancen, die sich auftun, neues Wissen, neue Beziehungen, neue Erfahrungen und jegliche Erweiterung unseres Horizonts. Auch die Situationen, die das Leben lebenswert machen, sind im Stress nicht möglich. Oder konntest du schon mal unter Stress den Sonnenuntergang bewundern, ein leckeres Essen wirklich genießen oder einen Orgasmus haben?

Stress nimmt uns also Lebensqualität und sorgt dafür, dass wir zwar schnell reagieren können, aber häufig auch schlechte Entscheidungen treffen. Stress sorgt dafür, dass du immer nur den nächsten Schritt siehst. Dein Blickwinkel ist unter Stress völlig eingeschränkt. Du verkennst die richtigen Prioritäten. Ich habe einmal von einem Mann gehört, der Mitte vierzig war und auf der Arbeit einen Herzinfarkt erlitt. Kaum war er ins Krankenhaus gekommen, brüllte er die Ärzte wütend an, da sie ihn für mehrere Tage einbehalten wollen. Er jedoch hatte seine Priorität auf die Erbringung von Leistung gelegt und wollte so schnell wie möglich wieder ins Büro. Er hätte wesentlich früher erkennen können, dass seine höchste Priorität seine Gesundheit sein sollte, doch selbst in dem Moment, in dem er fast gestorben wäre, erkannte er nicht, dass es längst überfällig war, seine Prioritäten entsprechend zu verschieben. Stress kann diese Art von Realitätsverzerrung hervorrufen. Ans Ziel kommst du jedoch nur, wenn du zwischendurch die ganze Landkarte ansiehst und eine Strategie entwickelst, auf welchem Wege du am besten, schnellsten und sichersten an dein Ziel kommst. Dies ist gar nicht möglich, wenn du unter Stress stehst und nur die nächsten paar Schritte absehen kannst. Du reagierst zwar schnell, fühlst dich auch so, als ob du schnell vorankommst, läufst aber vermutlich in die völlig falsche Richtung. Du hast dir schließlich nicht ausreichend Zeit dafür genommen, die Landkarte anzusehen.

Die besten und nachhaltigsten Entscheidungen entstehen aus der Ruhe heraus.

Ruhe heißt nicht Grübeln oder verkopft zu sein, im Gegenteil. Wirkliche Ruhe heißt, dass sowohl Körper als auch Geist still sind. Dann bekommst du Zugang zu deiner Intuition. Deinem Bauchgefühl. Der Weisheit deines Unterbewusstseins. Die Landkarte deines Lebens ist dein Unterbewusstsein. Dein Unterbewusstsein macht mehr als 95 Prozent deiner Wahrnehmung aus. Dein Bewusstsein sind weniger als fünf Prozent – einige Wissenschaftler gehen sogar eher von einem Verhältnis von 99 Prozent zu einem Prozent aus. So oder so – nur ein sehr geringer Teil deiner Wahrnehmung liegt in deinem bewussten Denken. Alles andere wird durch dein Unterbewusstsein gesteuert. Du kennst das von Aktivitäten, die du nicht mehr bewusst ausüben musst wie das Zähneputzen, das Fahrradfahren oder das Zurücklegen gewohnter Strecken, alles Aktivitäten, die du irgendwann wie automatisch machst. Sie sind komplett unterbewusst gesteuert, ohne dass du darüber nachdenken musst. Gleiches gilt für deine Erkenntnisse. Gute Ideen, Eingebungen, gedankliche Durchbrüche oder Lösungen für unsere Probleme finden wir meist in Situationen, wo wir nicht mit etwas Konkretem gedanklich beschäftigt sind: unter der Dusche, beim Joggen, beim Autofahren, beim Spazierengehen etc. In diesen Momenten kommuniziert unser Unterbewusstsein mit uns und gibt uns Signale, Erkenntnisse und Eingebungen, die unser Leben enorm nach vorne bringen können. Das wird auch Intuition genannt.

> *Unser Unterbewusstsein zeigt uns die Abkürzungen auf der Landkarte unseres Lebens, die wir sonst nie sehen würden.*

Diese Abkürzungen ersparen uns viel Zeit, Energie, unnötige Schmerzen, Rückschläge, Umwege und Ernüchterungen. Das Einzige, was wir tun müssen, ist, unserem Unterbewusstsein zuzuhören. An dieser Stelle befindet sich die Hürde, an der die meisten scheitern. Denn zuhören können wir unserem Unterbewusstsein nur in einem Zustand der völligen geistigen Entspannung – dem Gegenteil also von Stress. Daher kommen solche Eingebungen auch für die

meisten Menschen nur beim Joggen, Duschen oder Autofahren. Aus dem gleichen Grund sind Menschen, die regelmäßig meditieren, deutlich erfolgreicher im Leben als Menschen, die dies nicht tun. Mit diesem Phänomen haben sich
zahlreiche wissenschaftliche Studien beschäftigt, die sowohl
Effekte auf Vorgänge im Gehirn wie auf verschiedene gesundheitliche Zusammenhänge belegen. Je weniger Stress
wir haben und je mehr Entspannung wir uns gönnen, desto
mehr haben wir Zugang zu unserem Unterbewusstsein und
können so auf die Weisheit und die Eingebungen vertrauen,
die uns allen innewohnt.

So kommt es, dass Menschen, die Entspannung, Ruhe
und Raum für sich suchen, die erfolgreicheren Menschen
sind, während Menschen, die ständig Stress haben, automatisch zu Losern werden. Das ist kein Zufall, sondern ein
natürlicher Prozess. Allerdings heißt es nicht, dass du jegliche Form von Stress vermeiden solltest – für kurze Momente
kann Stress sogar sehr gesund und hilfreich sein. Sei es die
körperliche Anstrengung bei einem Workout, die Aufregung
beim Kennenlernen deines Traumpartners oder die intensive
Konzentration beim Lösen einer wichtigen Aufgabe bei der
Arbeit. All dies sind jedoch nur kurze und vorübergehenden
Momente – keine Dauerzustände. Ebenso wenig bedeutet es,
dass du nur noch chillen sollst. Wichtig ist, dass du dir Momente der wirklichen Entspannung bewusst gönnst – sowohl
geistig als auch körperlich. Das machen heutzutage nur die
wenigsten. Für die meisten bedeutet Entspannung eben, sich
mit verschiedensten Formen äußerer Beeinflussung abzulenken. Warum diese Dinge allesamt ohnehin nicht zielführend
sind, wenn du deine bisherigen Grenzen überwinden möchtest, haben wir bereits besprochen.

Es kommen in diesem Kontext zwei weitere schädigen-
de Aspekte hinzu. Diese Aktivitäten sind teilweise ebenfalls
Stress für Körper und Geist. Das menschliche Gehirn kann
nicht unterscheiden, ob wir etwas nur sehen und denken

oder tatsächlich erleben. Wenn du also einen Horrorfilm schaust oder Ego-Shooter spielst, ist es für dein Gehirn gewissermaßen so, als ob du gerade Mord und Totschlag erlebt hättest. Kein besonders entspannendes Szenario. Zudem kommt bei leichterer Kost hinzu, dass du eben nicht geistig abschalten kannst. Dein Gehirn ist die ganze Zeit in Arbeit, wenn du dich berieseln lässt – egal ob mit Film, Spiel, Audio oder anderem medialen Konsum. Wenn du hingegen meditierst, spazieren, schwimmen oder joggen gehst, oder einfach ruhig und ungestört auf der Couch liegst, kann dein Gehirn wirklich abschalten und dein Unterbewusstsein kann mit dir kommunizieren. So kann es dir die Cheat-Codes für dein Leben geben. Nur wenn du dir dies erlaubst, kommst du ins nächste Level deines Lebens. Ansonsten kannst du dich selbstverständlich auch weiterhin dem Stress hingeben und durchs Leben laufen, als hättest du ein Brett vor dem Kopf. Dann fällst du immer wieder in die gleichen Gruben und bleibst für den Rest deines Lebens im ersten Level. Für mich wäre das keine Option, aber viele Menschen scheinen lieber im ersten Level zu bleiben als ihre schlechten Gewohnheiten abzulegen, um weiterzukommen im Spiel des Lebens.

Für dich heißt das Folgendes: Du hast es selbst in der Hand. Wenn du Erfolg, Erfüllung und Zufriedenheit möchtest, dann suche die Ruhe und Entspannung in deinem Leben. Wenn du ein Versager sein willst, dann mache dir möglichst viel Stress.

Eine Klientin von mir kam damals und klagte, dass sie ein sehr niedriges Selbstvertrauen hat und ihr Leben lang Konflikten aus dem Weg gegangen war, da diese unaushaltbar viel Stress in ihr ausgelöst hatten. Meistens bedeutet so etwas, dass es mindestens ein traumatisches Erlebnis gab, das dieses Muster ausgelöst hat. Nur nachdem sie erkannt hatte, um welches traumatische Erlebnis es sich handelte und welche Glaubenssätze sich daraus gebildet haben, konnte sie das Muster fallen lassen. So holten wir die Antworten, die wir benötigten, aus ihrem Unterbewusstsein, und Tage später berichtete sie, dass sie plötzlich in der Lage war, Konflikte wieder auf gesunde Art und Weise auszutragen.

Wenn du Grenzenlosigkeit willst, höre bewusst auf die wertvollen Signale deines Unterbewusstseins.

grenzenlos!

Höre in dich hinein und finde heraus, was dir Unruhe und Druck bereitet.

Sex – brav und bieder oder versaut und glücklich?

Wir alle wollen erfüllenden Sex, doch die wenigsten haben ihn. Sex haben viele zwar schon – aber wirklich erfüllend scheint der meist nicht zu sein.

In persönlichen Gesprächen, egal ob mit Coaching-Klienten oder Bekannten, höre ich immer wieder Folgendes:

- Von Frauen: Es war viel zu schnell vorbei, er war viel zu zimperlich, er will mich nicht richtig nehmen, wir harmonieren einfach nicht richtig.
- Von Männern: Ich konnte mich nicht richtig ausleben, sie mag das, was ich mag, nicht, es ist langweilig geworden.

Das mag stereotyp klingen, spiegelt aber das, was ich in ehrlichen, persönlichen Gesprächen häufig zu hören bekomme. Zudem gibt es eine wachsende Anzahl junger und auch älterer Menschen, die sich lieber mit Pornos und beim Online-Dating hinter ihren Bildschirmen verstecken, als ihre Bedürfnisse im echten Leben befriedigt zu bekommen.

Wer ein erfülltes und grenzenloses Leben führen möchte, sollte sich von jeglichem Schamgefühl, falscher Zurückhaltung und Hemmungen lösen. Sex und unser Bedürfnis danach ist etwas total Natürliches. Teilweise wird dieser Teil des Lebens jedoch durch schlechte Mindsets gehemmt, die aus konservativen oder streng religiösen Traditionen stammen. Oder – heutzutage noch verbreiteter – aus modernen Trends wie Slutshaming, Gender-Debatten und Cancel-Culture. Sowohl die Traditionen als auch die modernen Trends sind nachvollziehbar. Früher wollte man die jungen Generationen davor schützen, zu früh unverantwortliche Entscheidungen zu treffen, die einem womöglich das ganze Leben im Weg stehen. Schließlich gab es keine zuverlässige Verhütung und soziale Absicherungen wie heute existierten kaum. Daher sind Frauen aus Mangel an Verhütungsmethoden häufig sehr früh schwanger geworden. Wenn der Mann sie und die Kinder dann im Stich gelassen hat, waren sie aufgeschmissen, zu einer Zeit, als Frauen noch kaum Rechte hatten, kein Einkommen erzielen konnten, und es keine Kitas und andere Bildungseinrichtungen gab. Kindergeld und Absicherung für Arbeitslose oder Alleinerziehende waren ebenfalls Fehlanzeige. Schwanger zu werden, ohne den damals üblichen Konventionen zu entsprechen, barg für Frauen Risiken. Zwar mussten auch Männer früher mit sozialer Ächtung rechnen, wenn sie uneheliche Kinder zeugten – aber lange nicht in dem Ausmaß, wie diese Frauen traf. So kam es dazu, dass Sexualität außerhalb von gesellschaftlich anerkannten Bindungen verurteilt wurde. Einiges von dieser Einstellung hat sich bis heute gehalten. Auch die neuzeitigen sexuellen Hemmungen junger Generationen sind nachvollziehbar. Ganze Generationen von jungen Menschen sind verunsichert. Schließlich ist aus Medien und gesellschaftlichem Kontext nicht mehr eindeutig abzulesen, was erlaubt ist und was nicht. Auch dies ist nachvollziehbar – Menschen haben in der Vergangenheit massiv zwischenmenschliche Grenzen überschritten und anderen durch Belästigung oder gar Vergewaltigung Schaden zugefügt. Übergriffe waren immer Übergriffe, nur dass jetzt darüber geredet wird. Durch Social Media sind sie glücklicherweise ans Licht gekommen und die Täter konnten so aus dem Verkehr gezogen und im Rechtssystem ihrer gerechten Strafe zugeführt werden. Die Diskussionen, die in der Öffentlichkeit entstanden, liefen jedoch vielfach völlig aus dem Ruder. Plötzlich gibt es Stimmen, die eine reine Kontaktaufnahme mit dem anderen Geschlecht als übergriffig bezeichnen. Menschen, die es für falsch halten, ein Kompliment zu machen, oder gar solche, die behaupten, selbst ein interessierter Blick sei schon sexuell übergriffig. All das ist natürlich völliger Quatsch. Dass junge Menschen in so einem gesellschaftlich aufgeheizten Umfeld sexuelle Hemmungen entwickeln und lieber auf Pornografie oder Online-Dating ausweichen, ist völlig nachvollziehbar. Nur ist es eben auch schädlich.

Deine sexuellen Bedürfnisse sind vollkommen in Ordnung und es völlig okay, wenn du zu ihnen stehst.

Völlig egal, worauf du stehst, auf wen du stehst, auf welches Geschlecht du stehst und welche sexuellen Praktiken du bevorzugst. Ebenfalls ist völlig egal, was andere Menschen darüber denken – inklusive deiner Eltern, dem religiösen Oberhaupt deiner Kultur oder den Medien. Die einzigen Kriterien, die dabei immer gelten sollten, sind:

1. *Alles geschieht zu hundert Prozent einvernehmlich.* Wenn einer »Nein« oder »Stopp« gesagt oder gar nicht erst zugestimmt hat, dann ist das nicht einvernehmlich. Also immer reden, kommunizieren, fragen. Nur so kann ein befriedigendes sexuelles Erleben auf Augenhöhe stattfinden, bei dem niemand einen Nachteil erleidet.
2. *Niemand nimmt Schaden.* Gewissermaßen ist dies gegeben, wenn Punkt eins eingehalten wird. Manchmal

tun Menschen in Ekstase oder im Exzess jedoch Dinge, die sie in dem Moment vielleicht sogar wollen, die ihnen aber langfristig dennoch schaden können. Beim Sex bist du immer nicht nur für dich, sondern auch für das Wohl der anderen beteiligten Person(en) verantwortlich.

3. *Es besteht ein ausgeglichenes Machtverhältnis.* Selbstverständlich seid ihr beide alt genug. Zudem sollte dein Partner oder deine Partnerin optimalerweise nicht von dir abhängig sein, wie beispielsweise in einem Vorgesetzten-/Untergebenen-Verhältnis.

Sofern diese drei Kriterien gegeben sind und eingehalten werden, ist alles okay. Genieße es, lebe es aus, freue dich deines Lebens und deiner Sexualität! Warum solltest du ein natürliches Bedürfnis unterdrücken oder dich darin zurückhalten? Egal was deine Bedürfnisse sind oder wie abgefahren deine Vorlieben sein mögen, es gibt immer andere Menschen, die daran ebenfalls Spaß haben. Es ist wichtig, dass die Bedürfnisse ausgelebt werden, sofern sie niemandem anderen schaden, denn ansonsten schadet die Unterdrückung dieser Bedürfnisse irgendwann dir selbst. Du wirst verbittert, unglücklich und unerfüllt. Alles Dinge, die du vermutlich vermeiden möchtest.

> **Wenn du in einer Beziehung bist, macht es euch zur Gewohnheit, über eure Bedürfnisse zu sprechen.**

Nur so können sie erfüllt werden. Dein Partner hat vermutlich größte Freude daran, dir deine Wünsche zu erfüllen. Aber wie soll er oder sie dies tun, wenn du gar nicht gesagt hast, was deine Wünsche sind? Wenn man das nicht tut, staut sich hinterher etwas auf. Dies lässt sich bei vielen Leuten beobachten, die in den späten 40ern und 50ern sind. Irgendwann kommt die Bitterkeit darüber, dass sie Dinge nicht getan und ausgelebt haben. Schlimmstenfalls machen sie für das eigene Unglück dann gar ihre Partnerinnen und Partner verantwortlich.

Um diese Falle zu umgehen, solltest du entweder eine intensive Single-Phase ausleben, in der du lernst, auch ohne festen Partner und Pornos glücklich und befriedigt zu sein. Sprich: Du lebst dich ohne exklusive Beziehung sexuell aus. Irgendwann kommt automatisch das Gefühl: *Ich glaube, ich habe alles gemacht, was ich machen will.* Oder wenn du in einer Beziehung bist und das Gefühl hast, dich noch nicht ausgelebt zu haben, machst du möglichst früh in eurer Beziehung eine experimentelle Phase mit deinem Partner. Eine Phase, in der ihr ohne Tabus alle eure Bedürfnisse aussprecht und alles ausprobiert, was für euch beide interessant ist. Ohne Verurteilungen, ohne Ächtung und ohne dass ihr dem jeweils anderen Partner dafür ein schlechtes Gefühl vermittelt, vielleicht Bedürfnisse zu haben, die ihr selbst nicht habt. Zumindest beim Gespräch über die Bedürfnisse sollte es keine Tabus geben – tun solltet ihr dann natürlich nur, wobei ihr euch beide wohl fühlt. Manchmal reicht es, über ein Bedürfnis gesprochen zu haben, ohne es auszuleben. Dann entsteht zumindest keine innere Blockade. Meist werdet ihr jedoch feststellen, dass euer Partner genauso abenteuerlustig und »versaut« ist wie ihr selbst.

Sexuelle Energie ist eine machtvolle Energie. Wenn du sie nicht fließen lässt, blockierst du dich selbst. Nicht zu Unrecht gibt es das Sprichwort: Hinter jedem erfolgreichen Mann steht eine starke Frau. Das Gleiche gilt aber ebenso umgekehrt. Wenn du also *grenzenlos* sein willst, kommst du nicht drum herum, deine Sexualität auszuleben. Ganz davon abgesehen, dass diese bewussten Erfahrungen dein Leben ohnehin lebenswerter macht. Also los, was hält dich auf? Sprich mit deinem Partner oder deiner Partnerin oder geh raus und finde einen – und sei es erst mal nur für einige wilde und aufregende Nächte.

grenzenlos!

Wenn du selbst nicht weißt, was dir guttut: Woher sollte es dein Partner oder deine Partnerin wissen?

Liebe & Partnerschaft oder: Das Phänomen des Festhaltens

Die Luft war einfach raus. Trotzdem habe ich an ihr festgehalten. Wir waren mehrere Jahre ein Paar gewesen und wenn man sich aneinander gewöhnt hat, ist es manchmal schwer, loszulassen, auch wenn dies schon längst überfällig ist.

Wir hatten eine gemeinsame Wohnung, gemeinsame Freunde, ein gemeinsames Leben. Zudem war es schlichtweg bequem. Man hat jemanden zum Kuscheln, man hat jemanden, mit dem man regelmäßig befriedigenden Sex hat, und man hat jemanden, mit dem man Feierabende und Wochenenden verbringen kann. Es ist halt nicht so einfach, sich zu trennen, wenn es so viele Vorzüge gibt. Dennoch wusste ich, dass ich diesen Schritt gehen muss. Aber ich wollte nicht, ich habe mich dagegen gewehrt. So habe ich dann in Internetforen nachgelesen, wie man einer Beziehung neues Leben einhaucht, habe YouTube-Videos darüber angesehen, wie man das Feuer in der Beziehung wieder entfacht.

Ich wollte mir einfach nicht eingestehen, dass es vorbei ist.

Auch wenn es eigentlich schon seit Monaten klar war. Alles war Routine geworden. Es gab keine Leidenschaft mehr und keine Anziehung. Nun gibt es vielleicht Beziehungen, in denen Leidenschaft und Anziehung einfach einschlafen – sei es aufgrund von Kindern, beruflicher Überlastung oder anderen Lebensumständen, die es beiden Partnern vorübergehend nicht ermöglichen, ein ausreichendes Maß an Zeit, Energie und Aufmerksamkeit in die Beziehung zu investieren. So etwas lässt sich leicht lösen, indem man dem Partner und der Beziehung einfach wieder genug Aufmerksamkeit gibt. Häufig beobachte ich bei vielen Paaren jedoch eher die Situation, wie in meiner damaligen Beziehung: Die Luft ist raus und lässt sich auch nicht wieder reinpumpen. Vielleicht sind die Interessen zu unterschiedlich geworden, vielleicht gibt es unterschiedliche Lebensziele oder man hat sich einfach auseinandergelebt. Dass eine Beziehung zu Ende geht, kann die unterschiedlichsten Gründe haben, doch es ergibt niemals einen Sinn, an etwas festzuhalten, was nicht mehr zu retten ist. Damit grenzt du dich nur unnötig ein.

Es gibt ein unausgesprochenes Phänomen – irgendwann stellst du oder deine Partnerin fest, dass einer von euch weniger Anziehung zum anderen empfindet. Das ist der erste Schritt in die Teufelsspirale. Nach dieser unschönen Feststellung, dass du nicht mehr begehrt wirst, gibst du dir plötzlich mehr Mühe in der Beziehung. Das merkt der Partner und dessen unbewusste Reaktion darauf ist, noch weniger Anziehungskraft zu empfinden. Plötzlich stellt ihr fest, dass alles schlimmer wird, woraufhin ihr euch immer mehr Mühe gebt, während der Partner als unbewusste Reaktion weniger und weniger Anziehungskraft für euch empfindet. Das ist mir passiert. Das ist nahezu jedem, den ich kenne, mindestens einmal in einer Beziehung passiert, aber keiner benennt diese Dynamik. Es bleibt das bis heute unausgesprochene Phänomen der unsichtbaren Abwärtsspirale, deren Auswirkungen die meisten erst erkennen, wenn sie auf dem Boden der Tatsachen landen.

Das Phänomen des Festhaltens an etwas, was einem nicht weiter guttut, gilt teilweise ebenso für Singles. Es gibt Singles, die leben sich aus, genießen das Singleleben, können sich kaum etwas Besseres vorstellen und wollen nun an diesem Zustand festhalten – auch wenn sie jemand Bezauberndes kennenlernen. Dann gibt es Singles, die es ganz furchtbar finden, dass sie Single sind. Sie verfluchen Gott, die Welt, den Ex, jede Singlebörse der Welt und das Kissen, in das sie nachts hineinheulen, weil sie keinen Partner finden. Beides sind Extreme, die nicht dienlich sind. Anstatt dich an eine Identität zu klammern, ist es wichtig, dass du offen für Neues bist und dich nicht zu sehr mit der Vergangenheit identifizierst. Denn die Vergangenheit wird niemals wiederkommen, stattdessen kannst du in deine Zukunft schauen und diese proaktiv gestalten. Ich habe damals an meiner alten Beziehung festgehalten, weil es sich um meine Komfortzone gehandelt hat. Der glückliche Single hält ebenfalls an diesem Zustand fest, weil es seine Komfortzone ist. Der unglückliche Single lehnt diesen Zustand ab, weil er nicht seiner Komfortzone entspricht. Wir wollen immer den Zustand wahren, in dem wir es uns aktuell bequem gemacht haben.

Niemand möchte ein gemachtes Nest verlassen. Wenn uns dies jedoch nicht gelingt, dann irritiert uns das und wir versuchen, zurück in die Komfortzone zu gelangen, zurück in unser gewohntes Nest. Egal ob dies eine toxisch gewordene Beziehung ist, wie es bei mir war, ob es das Single-Dasein bei demjenigen ist, der Angst vor Bindung hat, oder ob es das Verfluchen des Single-Daseins bei demjenigen ist, der Angst vorm Alleinsein hat.

Wir wachsen immer dort,
wo wir unsere Komfortzone verlassen.

Daher sollten wir immer dorthin gehen, wo es unbequem ist, denn da finden wir Wachstum. Nur wenn der Vogel das gemachte Nest verlässt, kann er fliegen lernen.

Genau das tat ein erfolgreicher Unternehmer und Klient von mir, der so ziemlich alles hat, was man sich vorstellen kann. Das Einzige, was ihn wirklich plagte, war seine Beziehung. Er berichtete mir, dass sein großes Problem die Eifersucht sei. Er konnte sich nicht erklären, warum das so ist und was er dagegen tun könne. Gemeinsam fanden wir die Ursache. Er war in einem unausgesprochenen Konflikt zwischen seinen Eltern und einem weiteren Mann verwickelt, der in ihm, bis heute – dreißig Jahre später – einen versteckten Glaubenssatz gebildet hat. Er dachte, er müsse um jeden Preis seine Freundin vor anderen Männern beschützen. Selbst in Situationen, wo seine Freundin keinerlei Schutz benötigte, beispielsweise wenn sie einfach nur mit ihren Mädels unterwegs war. So fanden wir den Auslöser seiner irrationalen Eifersucht und stellten die sich daraus gebildeten Glaubenssätze hervor. Wochen später berichtete er, dass seine Eifersucht weg sei und bis heute ist er verblüfft darüber, wie groß die Auswirkungen des Unterbewusstseins auf seine Beziehung waren.

Dies gilt auch innerhalb einer glücklichen Beziehung, denn die unbequemen Gespräche, die Themen und Aktivitäten, die man eigentlich meidet, sind meist die Bereiche, in denen am meisten Wachstum stattfinden kann, wenn man sich ihnen gegenüber öffnet.

Es ist enorm wichtig, dass du dich proaktiv mit deinem Liebesleben auseinandersetzt, wenn du ein grenzenloses Leben führen möchtest. Dies ist einer der Bereiche, in dem sich sehr viele von uns eingrenzen – sei es aus falschem Pflichtbewusstsein dem Partner gegenüber, sei es aus gesellschaftlichen oder religiösen Traditionen, sei es aus Scham und Zurückhaltung oder schlichtweg aus Gewohnheit.

Auch mir fällt es immer wieder schwer, diese radikal

ehrlichen Gespräche zu führen. Es fühlt sich an, als wäre da dieser dicke Kloß im Hals, an dem kein Wort vorbei will. Doch immer, wenn ich diese Art von Gesprächen auf ehrliche und wertschätzende Weise geführt habe, in der ich mich auch verletzlich gezeigt habe, hat die Beziehung davon profitiert und sowohl meine Partnerin, die ich zum jeweiligen Zeitpunkt hatte, als auch ich selbst waren glücklich darüber. Wenn ich es nicht getan habe, hat es sich immer angefühlt, als würde etwas zwischen uns stehen, und wir haben uns angegiftet, angeschwiegen oder einander gar gemieden.

Es ist der einzige Bereich in unserem Leben, in dem wir nicht frei entscheiden können, denn es bedarf in einer Partnerschaft der Definition nach auch eines Partners oder einer Partnerin. Du gibst also freiwillig ein gewisses Maß an Freiheit auf und übernimmst dafür freiwillig ein bestimmtes Maß an Verantwortung für das Wohl eines anderen Menschen. Das ist eine schöne Sache, denn im Gegenzug bekommst du sehr wertvolle Bereicherungen für dein Leben: Liebe, Vertrautheit, Zuneigung, Nähe, Verbundenheit, jemanden, mit dem du über alles reden und deine Erlebnisse teilen kannst. Du bekommst das Gefühl tiefer Verbundenheit, ekstatischer Intimität und wahrer Zweisamkeit. Du erlebst gemeinsame Momente voller Magie, die nur du und dein Partner verstehen können. Du kannst deine Seele baumeln lassen, da du wirkliche Entspannung findest, mit einem Menschen, dem du zutiefst vertraust.

Du hast jemanden an deiner Seite, der dich wirklich so sieht, wie du wahrlich bist.

Jemand, der deine innere Schönheit in ihrer Fülle durchdringt und dein ganzes Potenzial sieht. Jemand, mit dem du dich entfalten kannst. Dieser Tausch ist ein sehr sinnvoller und wirklich erfüllender Tausch, sofern du dir den richtigen Partner dafür wählst.

Stell dir hingegen vor, du würdest Freiheit, Zeit und Energie aufgeben und dafür nichts von den Vorteilen erhalten, weil du dir eigentlich den ganzen Tag mit deinem Partner auf den Zeiger gehst. Streit über jede Kleinigkeit, die Enttäuschung, nicht mehr gesehen zu werden, die ganzen Bedürfnisse, die plötzlich nicht mehr befriedigt werden, Angst, den anderen zu verlieren. Da ist nichts mehr von der Zärtlichkeit, den Schmetterlingen im Bauch, dem Aufgeregtsein und der Liebe, mit der du dem nächsten Treffen entgegenfieberst. Die kleinen schönen Momente, wo ihr euch an den Händen gehalten und in die Augen geschaut habt, sind vorbei. Wenn du nun heimkommst, fühlst du dich nur noch genervt, Streit entzündet sich an Kleinigkeiten. Damit schaffst du dir dein eigenes Gefängnis – wenn auch nicht physisch, aber zumindest emotional. Leider ist dies die Realität für viele Menschen. Sie sind in eine Beziehung hineingeraten, die vielleicht am Anfang irgendwann mal aufregend, elektrisierend und bereichernd war. Irgendwann war es vorbei, doch beide haben weiterhin aneinander festgehalten. Nun, Monate, Jahre oder gar Jahrzehnte später, verharren beide lieber in liebloser Vertrautheit, anstatt ihre Komfortzone zu verlassen und ein neues, erfüllendes, befriedigendes Glück zu finden.

Wenn es um Liebe und Partnerschaft geht, handelt es sich um die vermutlich wichtigste Entscheidung unseres Lebens: Mit wem teile ich meine Zeit?

Keine Entscheidung hat so einen großen Einfluss auf unser Leben wie die Wahl unseres Partners.

Wenn dein Partner dir Energie raubt, dann fehlt dir diese Energie beim Erreichen deiner Ziele. Wenn deine Partnerin ein negatives Mindset hat, überträgt sich das auf dich und du bist sowohl weniger erfolgreich als auch unglücklicher. Wenn dein Partner völlig andere Lebensziele hat, sorgt er dafür, dass du von deinem Weg abkommst. Wenn deine Partnerin andere Bedürfnisse hat als du, werden deine Bedürfnisse nicht befriedigt.

Und all das auch umgekehrt: Gibt dein Partner dir Energie, erreichst du deine Ziele leichter. Hat deine Partnerin ein positives und bekräftigendes Mindset, bist du noch glücklicher und erfolgreicher, als du es alleine wärst. Wenn dein Partner deine Ziele teilt oder sich eure Ziele gegenseitig bestärken, dann kommt ihr beide gemeinsam schneller auf eurem Weg voran, als wäre jeder auf sich allein gestellt. Wenn deine Partnerin deine Bedürfnisse befriedigen kann und du ihre, dann seid ihr beide erfüllt und glücklich. Der richtige Partner ist wie ein Beschleuniger auf deinem Weg. Als würdest du auf deinem Lebensweg von einem Auto in ein Flugzeug umsteigen – plötzlich kommst du viel schneller und hürdenloser voran und wirst zum Überflieger, der ohne Umwege direkt auf seine Ziele zusteuert. Wenn du dich jedoch für den falschen Partner entscheidest oder am falschen Partner festhältst, ist es, als würdest du auf deinem Lebensweg aus deinem Auto aussteigen, stattdessen zu Fuß weitergehen und dir darüber hinaus noch einen riesigen Stein ans Bein binden lassen – plötzlich geht alles viel langsamer, beschwerlicher und ist viel anstrengender als vorher.

Nun fragst du dich natürlich: Wie finde ich die richtige Person, und wenn ich sie bereits gefunden habe, woher weiß ich, dass es die oder der richtige ist? Ganz einfach: Du fühlst es. Wenn wir uns unsicher sind, dann denken wir nach. Beim Zerdenken einer Sache finden wir immer Argumente, die dafür sprechen und solche, die dagegen sprechen, wir wägen ab, wir sehen Vor- und Nachteile. Nichts ist Schwarz/

Weiß, besonders nicht in Beziehungen. Vielleicht haben wir mit jemandem richtig guten Sex, aber die Ziele passen nicht zusammen. Vielleicht passen die beruflichen Ziele zusammen, aber die familiären Wünsche passen nicht. Vielleicht habt ihr den gleichen Freundeskreis, aber euer Sexleben ist unbefriedigend.

Wie auch immer: Hör auf, darüber nachzudenken! Achte stattdessen auf dein Bauchgefühl und deine Intuition. Denn schließlich geht es in der Liebe um Gefühle und dein Bauchgefühl liegt sowieso immer richtiger als dein Verstand. Denke an das letzte Mal, als bei dir bei einer Person die Alarmglocken angegangen sind, nur um festzustellen, dass dein Bauchgefühle mal wieder goldrichtig war.

Florian hat in diesem Zusammenhang einmal eine wilde Geschichte erlebt, die wunderbar illustriert, wie wichtig das Bauchgefühl ist. Er war frisch verliebt und sah seine neue Freundin fast jeden Abend – am Wochenende auch tagsüber. Sie haben jede freie Minute miteinander verbracht, so wie es frisch verliebte Paare halt so tun. Eines Tages zog in der WG seiner damaligen Freundin jemand Neues ein. »Ein ganz lieber Freund« ihres Mitbewohners sei das. Der aktuell von Menschen bedroht würde und daher untertauchen müsse. Die erste Alarmglocke leuchtete auf. Doch der Mitbewohner wirkte freundlich und unkompliziert – so wie man sich einen optimalen Mitbewohner vorstellt. Florians Bauchgefühl sah das allerdings anders. Florian konnte es nicht erklären, doch er hatte zu der Zeit gerade angefangen zu lernen, auf sein Bauchgefühl zu hören. Er teilte seiner Freundin mit, dass er sie nicht mehr besuchen werde, solange dieser Mitbewohner dort wohnt. Sie war völlig verständnislos und konnte seine »Engstirnigkeit« überhaupt nicht nachvollziehen. Wenige Wochen später bestätigte sich das schlechte Gefühl. Der neue Mitbewohner war in der Nacht zuvor von der Polizei festgenommen worden. Wegen eines Streits aus nichtigem Anlass stand er unter Verdacht, einen Freund mit 29 Messerstichen getötet zu haben. Florian konnte das Bauchgefühl nicht erklären, doch es hatte richtig gelegen.

Nun kannst du diese Geschichte als krasse Anekdote abtun. Als einen Einzelfall. Eine Zufallserscheinung. Doch achte in Zukunft mal auf dein Bauchgefühl, schreibe mit, sodass du dich erinnern kannst. Dann werte es aus. Jedes mal, wenn ich in der Vergangenheit auf mein Bauchgefühl gehört habe, lag ich richtig. Gleiches gilt für meine Coaching-Klienten, Freunde und Bekannte, die ebenfalls auf ihr Bauchgefühl vertrauen. Dein Unterbewusstsein und deine Intuition nehmen Dinge wahr, die du bewusst nicht erkennst. Dein Bauchgefühl macht dich auf diese Dinge aufmerksam.

Das kannst du dir nicht nur zunutze machen, um negative Menschen und Situationen zu vermeiden. Sondern auch, um die richtigen Menschen zu finden, z. B. deinen Traumpartner. Wenn dein Gefühl sagt, dass es die richtige Person ist, dann binde dich. Wenn nicht, dann löse dich. Eins ist dabei jedoch wichtig: Nutze nicht das Gefühl von Verliebtheit, Erregung oder Anziehung als Entscheidungsgrundlage. Das sind zwar auch Gefühle, aber andere als dein Bauchgefühl. Verliebtheit, Erregung und Anziehung sind aufwühlende Gefühle. Ein gutes Bauchgefühl gibt dir hingegen Ruhe, Klarheit und Sicherheit.

grenzenlos!

Grenzenlos lieben heißt
Liebe ohne Abhängigkeit.

Selbstverwirklichung – Greif nach den Sternen!

Als ich den Entschluss fasste, eine Million Abonnenten zu gewinnen, hatte ich null Abonnenten. Niemand hatte zu dem Zeitpunkt im deutschsprachigen Raum überhaupt eine Million – es war also noch eine völlig fiktive Zahl. Aber ich war mir dennoch sicher, dass es möglich ist. Es gab keinen konkreten Grund für diese Zahl – es hätte auch jede andere große Zahl sein können, aber eine Million war das, was mir als Erstes in den Sinn kam, und es fühlte sich nach einer großen Herausforderung an. Ich liebe Herausforderungen.

Als ich viele arbeitsreiche und beschwerliche Monate später die Tausend-Abonnenten-Marke geknackt hatte, wusste ich, dass ich die eine Million erreichen würde. Obwohl es zu dem Zeitpunkt noch immer keinen einzigen YouTube-Kanal gab, der dies geschafft hatte. Warum war ich mir da so sicher? Ganz einfach: Ich war bereit, mich selbst zu verwirklichen und meine Träume Realität werden zu lassen. Und wenn ich es trotz aller Widerstände geschafft hatte, von null auf tausend zu kommen, würde ich wohl auch von tausend auf eine Million kommen. Gleiches hatte ich schon einmal erlebt, als ich Yo-Yo gespielt habe. Bei meiner ersten Teilnahme an der deutschen Meisterschaft habe ich überraschend den vierten Platz belegt. Dennoch war ich weit davon entfernt, auf Platz eins zu gelangen. Doch ich wusste: Mit Fokus und Disziplin würde ich dies erreichen. Genauso kam es dann auch. Ich habe mir dieses Ziel gesetzt, mich darauf ausgerichtet und alle anderen Optionen ausgeblendet. Jeden Tag habe ich von früh bis spät nur Yo-Yo geübt. Das Gleiche habe ich später mit YouTube getan. Und das kannst auch du mit deinen Zielen tun. Möglicherweise denkst du nun, dass dies ein Widerspruch zu dem ist, was ich weiter oben gesagt habe, vielleicht denkst du jetzt: Dem ging es ja doch um die Trophäen. Doch das ist ein Trugschluss. Die Trophäen sind einfach nur das Ergebnis dieser intensiven Hingabe. Ich bin überzeugt davon, dass niemand große Erfolge erreicht, wenn es ihm nur um die Erfolge geht. Jahrelang täglich sieben Stunden Yo-Yo üben machst du nur, wenn du das Üben liebst, nicht, wenn es dir um die Trophäe geht. Jahrelang Tag und Nacht Videos aufzunehmen und zu schneiden, machst du nicht, wenn du nur nach dem Erfolg strebst, sondern wenn du den Prozess liebst. Zumal ich mit beidem in den ersten Jahren jeweils keinen Cent verdient habe. Als ich Yo-Yo geübt habe, war ich noch Schüler, als ich YouTube gemacht habe, war ich noch lange im angestellten Job, bevor das erste Geld von YouTube kam.

Denn genauso funktioniert Selbstverwirklichung: Du fokussierst dich auf die Sache, die du erreichen möchtest und blendest alles andere aus, was nicht wesentlich für einen gesunden Selbsterhalt ist. Das heißt nicht, dass du kein Leben mehr hast. Natürlich vernachlässigst du nicht deine Kinder, sofern du welche hast, gehst mit deinem Hund spazieren, gießt deine Pflanzen und verbringst Zeit mit deinem Partner und guten Freunden. Aber du machst halt nicht zwanzig andere Sachen nebenher. Heutzutage gibt es das Problem, das viele Menschen sich gerne alle Optionen offenhalten wollen: Sie wollen gerne einen sicheren Job mit tollen Kollegen, sie wollen nebenher noch selbstständig sein, gleichzeitig mehrere Hobbys ausüben und dabei möglichst die ganze Welt bereisen.

Wer versucht, sich immer alle Türen offen zu halten, verbringt ein Leben lang auf dem Flur.

So verwirklichst du dich nicht selbst und wirst auch nicht erfolgreich. Du kannst zwar all das haben, aber halt nicht alles zusammen – du musst dich für eine Lebensaufgabe entscheiden. Zumindest, wenn du es richtig machen und etwas erreichen willst. Oder du entscheidest dich für mehrere Dinge, die du nacheinander aufbaust. Deutscher Meister im Yo-Yo und eine Million YouTube-Abonnenten war beides für mich möglich, aber eben nicht gleichzeitig. Erst habe ich Yo-Yo gemacht – ohne Ablenkung. Dann habe ich YouTube gemacht – ohne Ablenkung. Jetzt schreibe ich gerade dieses Buch – ohne Ablenkung. Wenn du etwas richtig machen willst, darin erfolgreich sein willst und dich damit verwirklichen willst, dann musst du dich darauf fokussieren und alles andere eliminieren.

Betrachte dich als Profisportler, der die Weltmeisterschaft holt oder als Wissenschaftlerin, die einen Nobelpreis gewinnt. Meinst du, diese Menschen würden an der Spitze ihres jeweiligen Spielfeldes stehen, wenn sie sich nicht für ein Spiel entschieden hätten? Kein Profisportler wird gleichzeitig in mehreren verschiedenen Sportarten Champion. Keine Wissenschaftlerin ist nebenher auch noch erfolgreiche Musikerin und kein erfolgreicher Musiker ist nebenher erfolgreicher Mathematiker. Menschen, die Großes erreichen, haben sich dafür entschieden, eine konkrete Sache zu meistern. Und darin, eine konkrete Sache zu meistern, liegt die höchste Erfüllung des Menschen. Deshalb bewundern wir Profisportler, Nobelpreisträgerinnen und andere Leistungsträger in allen Disziplinen so sehr. Mozart, Merkel, Shakespeare, Gutenberg, van Gogh, Goethe, die Williams-Schwestern, Porsche, Chanel, Jackson, Basquiat, Buffett, Jobs, Yousafzai, Jordan, Messi. Alles Menschen, die sich für eine Disziplin, eine Aufgabe entschieden haben und in dieser so gut geworden sind, dass jeder ihre Namen kennt.

Selbstverwirklichung heißt, dass man sich auf eine Aufgabe festlegt. Aufgabe bedeutet, dass ich mich entscheide, mich auf eine Sache zu fokussieren und alles andere *aufgebe*. Wohlgemerkt: im Lebensbereich Arbeit – nicht dass du mich falsch verstehst und plötzlich deine Beziehung, deinen Sport, deinen Schlaf, deine Freundschaften, deine Meditation und deine gesunde Ernährung aufgibst. Das sind alles Dinge, die deine Lebensaufgabe unterstützen. Aber eines müssen wir uns bewusst machen: Die meiste Zeit unseres Lebens verbringen wir mit unserer Arbeit. Weder deinem Partner noch deinen Kindern, deinen Freunden oder deinen Hobbys widmest du so viel Zeit wie deiner Arbeit. Daher ist es so wichtig, dass du in diesem Bereich auch wirklich nach Selbstverwirklichung suchst – ansonsten wirst du innerlich verbittern und dein Leben lang bereuen, nicht deiner Berufung nachgegangen zu sein. *Beruf* kommt schließlich von *Berufung*. Aber die meisten Leute machen heutzutage nur einen *Job*, anstatt ihrer Berufung zu folgen. Sei du nicht eine von diesen trostlosen Existenzen.

Natürlich ist das nicht einfach. Natürlich ist es leichter, einen Job zu finden und in deiner Komfortzone mit einem angenehmen Gehalt zu verharren. Natürlich ist es leichter, Dienst nach Vorschrift zu tun, als an sich selbst zu arbeiten und zu wachsen. Dies ist der ewige Kampf zwischen Selbsterhalt und Erfüllung, den die meisten Menschen führen. Mach du nicht auch diesen Fehler, entscheide dich stattdessen direkt für die Erfüllung – was auch immer das für dich heißt.

Was würdest du machen, wenn du zehn Millionen Euro auf dem Konto hättest?

Du müsstest dich um nichts kümmern und könntest jetzt frei entscheiden, wie du deinen Tag verbringst. Was würdest du tun? Mach eine Liste und finde heraus, was dich davon am meisten erfüllen würde. Das ist deine Berufung. Folge ihr. Vielleicht bist du schon gut genug darin, um sofort damit Geld zu verdienen. Vielleicht ist es besser, es am Anfang so zu machen wie ich mit YouTube und du behältst noch deinen Job. Das ist okay, der nimmt schließlich nur maximal vierzig Stunden deiner Woche ein. Zusätzlich verbringst du etwa sechzig Stunden mit Schlaf – vermutlich weniger. Das heißt, du hast noch 68 Stunden freie Zeit zur Verfügung, um deiner Berufung zu folgen. Das ist mehr, als du in deinen Job investierst, auch wenn du noch ein paar Stunden abzwackst für Sport, Freunde und Partnerschaft. Aber sind wir mal ganz ehrlich: Wie viel Zeit investierst du wirklich in diese Dinge? Ich meine deine ungeteilte Aufmerksamkeit. Ohne Handy, ohne Fernsehen, Netflix oder andere Ablenkungen? Nehmen wir mal an, du investierst 28 Stunden pro Woche, also vier Stunden am Tag, ungeteilte Aufmerksamkeit in Sport, Freunde und Familie. Dann ist das vermutlich mehr, als du aktuell tatsächlich in diese Lebensbereiche investierst? Sei ehrlich! So hast du immer noch vierzig Stunden für deine Berufung. Wenn du diese vierzig Stunden wirklich investierst, brauchst du vermutlich 6 bis 24 Monate, bis du voll davon leben kannst. Dann kannst du deinen Job kündigen, lebst von dem, was du liebst und hast vierzig Stunden extra pro Woche für dich, deine Liebsten und deine Gesundheit. Ist das kein geiler Deal? Maximal zwei Jahre fokussiert aufbauen und deinen Traum leben, oder den Rest deines Lebens Mittelmaß? Es ist deine Wahl.

Was auch immer deine Berufung ist: Wenn du ihr folgst, ist Selbsterhalt eine logische Konsequenz. Der Weg der Selbstverwirklichung ist der einzige Weg, der dich in deinem Leben konsequent weg vom Schmerz und hin zur Erfüllung bringt. Denn es ist der einzige Weg, den du wirklich selbst unter Kontrolle hast.

Der Grund, warum sich viele von uns dennoch für den vermeintliche »sicheren« Job entscheiden anstatt für den Weg der Erfüllung, ist, dass wir Angst haben unter der Brücke zu enden, wenn wir diesen Weg der Selbstverwirklichung gehen. Wir haben Angst, zu scheitern und daher vermeiden wir den Weg, bei dem das passieren könnte. So sorgen wir dafür, dass wir schon gescheitert sind, bevor wir uns erlaubt haben, etwas überhaupt zu probieren. Es ist so wie mit dem Traumpartner, dem wir begegnen und dann nicht einmal fragen, ob wir auf ein Date gehen wollen. Es bringt uns herzlich wenig, wenn wir wissen, was wir wollen, wir aber nicht entsprechend handeln.

Wenn wir Erfüllung wollen,
müssen wir durch das dunkle Unbekannte gehen.

Sei es bei unserem Beruf oder beim Kennenlernen des Traumpartners: Wenn wir den richtigen Partner gefunden haben, müssen wir auch auf ihn zugehen und ihn kennenlernen. Auch wenn wir am Anfang vielleicht noch ein wenig schüchtern, zurückhaltend und zögerlich sind, führt an diesem Weg nichts vorbei, wenn wir wirklich unser Glück im Leben finden wollen. Selbst wenn alles, was nun auf uns zukommt, noch völlig unbekannt ist, wir vielleicht etwas verunsichert sind und an der einen oder anderen Stelle nicht wissen, was wir sagen oder wie wir uns verhalten sollen – wir müssen darauf vertrauen, dass am Ende alles gut wird.

Ich wusste nicht, ob ich es schaffen würde mit You-Tube – aber ich wusste, dass ich es bereuen würde, wenn ich es nicht zumindest versuche und alles gebe. So war mir klar, dass so oder so alles gut wird: Entweder ich schaffe es und lebe meinen Traum, oder ich schaffe es nicht und habe zumindest nichts auf meinem Sterbebett zu bereuen. Beides ist besser, als sich immer zu fragen: *Was wäre gewesen, wenn …?* Selbst wenn sich dann herausstellt, dass es nicht der richtige ist – egal ob Beruf oder Partner – können wir uns zumindest nicht vorwerfen, unser Leben nicht in die Hand genommen zu haben. Und wenn man einmal auf das Unbekannte zugegangen ist, dann kann man es auch noch ein zweites, drittes oder viertes Mal tun, bis man irgendwann den richtigen für den Rest des Lebens hat – Beruf und Partner.

In beiden Bereichen und in jedem anderen deiner Lebensbereiche ist es so, dass du nur das erreichen kannst, was du dir auch vorstellen kannst und vornimmst. Es ist also wichtig, dass du nach den Sternen greifst – was auch immer das für dich bedeutet. Backe niemals kleine Brötchen – wenn du kleine Brötchen in den Ofen schiebst, werden auch kleine Brötchen rauskommen. Visualisiere, was du erreichen und erleben möchtest, nur dann kannst du es schaffen. Jedes Mal, wenn ich in meinem Kinderzimmer mit dem Yo-Yo geübt habe, jede Sekunde der vielen Stunden am Tag, habe ich mir vorgestellt, dass ich bei der Meisterschaft bin und ein ganzer Saal mit Zuschauern gefüllt ist. Als ich dann bei der Meisterschaft tatsächlich vor gefülltem Saal, den Juroren und Yo-Yo-Fans performt habe, war ich komplett ruhig, denn ich hatte es ja bereits tausende Male im geistigen Auge durchlebt. Als ich die Million Abonnenten erreicht habe, war es ebenfalls eine logische Konsequenz meiner Vorstellungskraft und meiner Handlungen. Denn schließlich wusste ich in meiner Vorstellung schon bei null Abonnenten, dass ich eine Million erreichen würde, und dann habe ich konsequent daran gearbeitet, dies tatsächlich zu erreichen, bis es so weit war.

Nun schrecken manche Menschen davor zurück, sich Großes vorzustellen, da sie noch nicht das Wissen und die

Fähigkeiten besitzen, die sie meinen zu benötigen. Dies ist jedoch kein Grund, sich davon abhalten zu lassen, sich große Ziele zu setzen. Ich hatte keine Ahnung, wie man eine Million Abonnenten bekommt. Michael Jordan und Kobe Bryant hatten sicherlich auch keine Ahnung, wie schwierig es ist, eine Meisterschaft in der NBA zu gewinnen, bevor sie es getan haben. Das hat sie aber nicht davon abgehalten, sich das vorzustellen – lange Zeit, bevor sie die Fähigkeiten dazu hatten. Genauso wenig wusste Warren Buffett vermutlich, wie schwierig es ist, Milliarden gut zu investieren. Muhammad Ali wusste vermutlich nicht, wie schwierig es ist, Schwergewichts-Boxweltmeister zu werden. Angela Merkel wusste vermutlich nicht, wie schwierig es ist, eine der größten Volkswirtschaften der Welt zu führen. Doch dieses Unwissen und der Mangel an Erfahrung haben diese Menschen nicht davon abgehalten, eine Vision zu kreieren und sich vorzustellen, wie es wäre. Mit diesem Bild im Kopf haben sie darauf hingearbeitet, bis sie ihr Ziel erreicht haben. Dann haben sie weitergemacht und sind zu Legenden geworden. Jordan hat sieben Titel gewonnen, Bryant fünf, Buffett hat, Stand 2021, 103 Milliarden gemacht, Ali hat den Weltmeistertitel dreimal gewonnen und Merkel hat die viertgrößte Volkswirtschaft der Welt gleich vier Amtszeiten hintereinander als Bundeskanzlerin geführt. Alle haben sich dies lange vorher vorgestellt und keiner von diesen Menschen hätte es ohne Fokus geschafft. Diese Menschen haben ihre *Beruf*ung gefunden, sich vorgestellt, was möglich ist, und konsequent darauf hingearbeitet. Sie haben an sich geglaubt und sie haben nicht aufgegeben.

Unsere Entscheidungen basieren immer auf dem, was wir glauben.

Wenn du glaubst, dass du es kannst, wirst du es auch schaffen. Ein 1,60 Meter großer Mann wird vermutlich nicht Basketballer, das ändert aber nicht, dass es trotzdem geht. Am Ende entscheidet die Entschlossenheit. Muggsy Bogues ist ein 1,60 Meter großer Basketballer, der vierzehn Saisonen in der NBA gespielt hat. Der Punkt ist doch, das auch das Unglaubliche plötzlich »glaublich« wird, sobald man es gemacht hat. Und wenn es nicht klappt, dann hat man es zumindest versucht. Meine Beobachtung ist bei Menschen, die Großes versuchen und es nicht schaffen, dass aus ihnen trotzdem immer Großes wird. Vielleicht nicht beim ersten Mal, aber dann beim zweiten oder dritten Versuch. Lewis Howes ist einer der erfolgreichsten Podcaster der Welt. Seine Show »The School of Greatness« erreicht Millionen von Zuhörerinnen und Zuhörern. Doch eigentlich wollte er Profisportler werden. Er war extrem talentiert und es galt als sicher, dass er es in die NFL schaffen würde. Seine Träume wurden ihm durch eine schwere Verletzung genommen. Doch anstatt aufzugeben, wandte er seine Durchsetzungsfähigkeit, die er auf dem Footballfeld gelernt hatte, nun an, um neue Ziele zu erreichen. Er musste einige Jahre kämpfen und zahlreiche Rückschläge hinnehmen, doch dann schaffte er es, ein erfolgreiches Unternehmen aufzubauen. Damit nicht genug, startete er den Podcast und hat inzwischen Menschen wie Tony Robbins, Kobe Bryant, Brené Brown und zahlreiche weitere inspirierende Menschen interviewt.

Wer von einem Ergebnis ausgeht und sich nicht davon abbringen lässt, es zu erreichen, wird es auch bekommen. Du gehst mit einer völligen Selbstverständlichkeit daran, weil du davon ausgehst, dass dein gewünschtes Ergebnis kommt. Menschen, die von einem Ergebnis ausgehen und daran glauben – bei denen kann man davon ausgehen, dass dieses eintritt. Und wenn ich stattdessen fest daran glaube, dass ich es nicht kann, wird sich auch dies manifestieren.

Manchmal braucht es länger, manchmal geht es schneller. Der eine braucht nur wenige Monate für das Erreichen eines Ziels, der andere benötigt ein ganzes Leben.

Es ist völlig egal, wie lange es dauert, denn wenn du deiner Berufung nachgehst, bist du erfüllt, glücklich und verwirklichst dich selbst.

Das sind die einzigen drei Faktoren, die zählen. Wenn du dir unsicher bist oder dich bisher nicht getraut hast, deinen Weg zu gehen und deine Träume zu verwirklichen, dann lass dich von Menschen inspirieren, die es schon getan haben. Lies Biografien, höre Podcasts erfolgreicher Menschen, umgib dich mit erfolgreichen Menschen, gehe auf Seminare, buche einen Coach! Wenn du siehst, dass jemand es gemacht hat, wirst du es auch können und den Mut gewinnen, es zu wagen.

Was immer du tust, sorge dafür, dass du gleichgesinnte Menschen um dich herum hast. Menschen mit völlig anderen Vorstellungen und Lebenswegen werden dich nicht verstehen, inklusive deiner Familie und deiner Freunde. Das heißt nicht, dass du mit deinen Liebsten brechen solltest – es heißt nur, dass du dir zusätzlich ein neues Umfeld suchen solltest, das dich versteht und dich dabei unterstützt, deine Ziele zu erreichen. Mit Sicherheit haben Michael Jordans Familie, Freunde und das Umfeld, in dem er aufgewachsen ist, nicht alle verstanden, warum er so viel trainiert und so fokussiert ist. Das hat ihn trotzdem nicht davon abgehalten, sich selbst zu verwirklichen. Er hat sich einfach Coaches, Mitspieler und Gleichgesinnte gesucht, die ihn verstanden und ihm auf seinem Weg geholfen haben. Du kannst das auch.

grenzenlos!

Ob du es schaffst oder nicht,
ist davon abhängig, wie du darüber denkst.

Grenzenlos:
Nie wieder 9-to-5

Wer sich selbst verwirklichen will, braucht keine Vorgaben für bestimmte Arbeitszeiten oder andere Zwangsvorschriften. Oder glaubst du wirklich, dass man Michael Jordan, Warren Buffett oder Angela Merkel eine Stempelkarte geben muss, damit sie genug arbeiten? Wenn du dich selbstverwirklichst, bist du glücklich und erledigst einfach die Arbeit, die getan werden muss. Mal ist es vielleicht genau 9-to-5, mal ist es 8-to-8, mal ist es vielleicht die halbe Nacht oder das ganze Wochenende, wenn dringend ein Projekt fertiggestellt werden oder ein Fehler behoben werden muss. Dafür kannst du unter der Woche mal in die Sauna gehen oder einen Tag an den Urlaubstrip dranhängen. Als Selbstständiger oder Unternehmerin kommst du um flexible Arbeitszeiten ohnehin meist nicht herum und kannst dir dementsprechend deinen Ausgleich von der Arbeit frei gestalten. Als Arbeitnehmer wirkt dies zunächst schwieriger, ist es aber meist nicht. Wenn du gut bist und eine herausragende Arbeit leistest – beides ist meist der Fall, wenn du deiner Berufung folgst – ist dein Arbeitgeber mehr von dir abhängig als umgekehrt. Du hast also nicht nur beim Gehalt, sondern auch bei den Arbeitszeiten eine sehr gute Verhandlungsbasis. Meistens wirst du aber gar nicht verhandeln müssen, denn die wirklich guten Arbeitgeber stört meist wenig, zu welcher Zeit oder gar an welchem Ort du deine Arbeit verrichtest, solange du überdurchschnittliche Ergebnisse lieferst, und das natürlich pünktlich.

Du hast es also komplett selbst in der Hand – wenn du Leistung lieferst, kannst du dir selbst die Umstände bauen, die du haben möchtest. Wenn es dir lieber ist und dich produktiver macht, vielleicht sogar in der Karibik am Strand. Es gibt selbstverständlich auch einige Jobs, bei denen das nicht möglich ist: Wenn du Arzt in der Notfallaufnahme bist, kann dein Arbeitgeber dir weder flexible Arbeitszeiten einräumen, noch kannst du ins Homeoffice. Gleiches gilt, wenn du Maurer auf dem Bau bist, in der Landwirtschaft arbeitest oder Mitarbeiterin eines Ladengeschäfts bist. Manche Berufe haben nun einmal feste Öffnungszeiten und geografisch vorbestimmte Arbeitsorte. Dies weißt du jedoch, bevor du den Job wählst – wenn du also beispielsweise Arzt bist, hast du dich mit den Umständen deiner Arbeit vermutlich vor deinem Medizinstudium abgefunden. Dennoch hast du auch in Berufen mit fixen Arbeitsorten und -zeiten einen gewissen Spielraum, wenn du dir einen Bereich gesucht hast, in dem du dich selbstverwirklichst und nicht nur Dienst nach Vorschrift machst. Denn dann bist du ein begehrter Arbeitnehmer, eine High-Performerin, wie man im modernen Sprachgebrauch zu sagen pflegt.

Die ganze Welt steht dir offen.

Du könntest z. B. an einen Ort gehen, wo dir das Wetter, die Landschaft oder die Leute besser gefallen. Das ändert zwar nicht die festen Arbeitsbedingungen deines Jobs, verbessert womöglich aber dennoch deine Lebensumstände massiv. Ärzte werden schließlich in allen Klimazonen benötigt, Handwerker und Landwirtinnen ebenfalls.

Wie du siehst, niemand muss einen klassischen 9-to-5-

Job machen, in dem er sich nur aufs Wochenende und auf die Ferien freut. Überall wird uns verkauft, dass wir uns nach dem Wochenende sehnen sollen und Montag ein verhasster Tag ist, sei es in Hollywood-Filmen, auf Social Media mit #*tgif* oder im Radio, wo Montag von einer anstrengenden Woche gesprochen wird und am Freitag vom langersehnten Wochenende. Niemand muss so ein Leben führen, in dem fünf von sieben Tagen die Hölle zu sein scheinen. Jeder kann sich ein Feld aussuchen, in dem er sich frei entfalten und auf dem höchsten Niveau Leistung erbringen kann. Das macht dich glücklich und gleichzeitig unersetzbar. Wer unersetzbar ist, kann seine eigenen Konditionen frei verhandeln. Wenn der eine Arbeitgeber deinen Forderungen nicht nachkommt, wirst du problemlos einen anderen finden, der auf deine Bedingungen eingeht. Vorausgesetzt natürlich, du bist wirklich herausragend in dem, was du tust. Eine schlechte Ärztin wird wohl kaum in der Privatklinik Anstellung finden und ein schlechter Lehrer nicht in der Privatschule – wenn du aber für deine Berufung lebst, dann bietet dir fast jede Arbeitgeberin eine attraktive Stelle an.

Da wir bereits im letzten Kapitel geklärt haben, welchen Weg du gehen musst, um herausragend zu werden, und beleuchtet haben, warum es überhaupt keinen Sinn ergibt, nicht herausragend zu werden, gehörst du sowieso in Zukunft zu den High-Performern. Den Leistungsträgern der Gesellschaft. Denn jeder, der *grenzenlos* ist, wird automatisch zu einem High-Performer in seinem Bereich. Wenn du High-Performerin bist, sind dir Arbeitszeiten und -tage ohnehin egal. Du liebst schließlich deine Arbeit, auch wenn es mal vor neun, nach fünf oder am Wochenende ist. Es ist schwer vorstellbar, dass die größten Meister der Menschheitsgeschichte nur auf das Wochenende und den Urlaub hingearbeitet haben, oder? Ich glaube kaum, dass Mozart mitten im Stück aufgehört hat zu komponieren, Goethe mitten im Satz aufgehört hat zu schreiben oder Einstein aufgehört hat zu denken, nur weil die

Uhr eine bestimmte Zeit geschlagen hat oder der Kalender einen bestimmten Tag angezeigt hat. Klar, du brauchst Pausen, einen Feierabend, freie Tage und ab und zu eine Zeit lang Urlaub. Wenn du jedoch das tust, was du liebst, dann versuchst du nicht, diese Pausenzeiten nach einem bestimmten Muster abzuhaken, sondern du machst ein Projekt fertig, erholst dich und nimmst dann das nächste Projekt in Angriff.

Denke an die Meister und
verhalte dich wie ein Meister.

Jordan geht vom Platz, wenn das Spiel vorbei ist, nicht um eine bestimmte Uhrzeit. Gleiches gilt für Manuel Neuer. J. K. Rowling steht vom Schreibtisch auf, wenn das neue Harry-Potter-Kapitel fertig geschrieben ist. Beyoncé geht aus dem Studio, wenn der Song fertig aufgenommen ist. Wenn du zu einer Meisterin deines Faches wirst, kommt es auf die Ergebnisse an, die du erschaffst, nicht auf die Zeit, die du absitzt. Das gilt natürlich auch umgekehrt: Wenn das Spiel vorbei ist, das Gedicht fertiggeschrieben oder das Stück komponiert ist, kann sich der Meister freinehmen, auch wenn er nur wenige Stunden oder sogar nur wenige Minuten benötigt hat. Er muss nicht den restlichen Tag absitzen, bis die Uhr fünf schlägt – er kann die Zeit nutzen, um sich zu erholen oder schöne Stunden mit seinen Liebsten zu verbringen. Natürlich kann sich auch der Meister einen festen Tagesablauf machen, eine feste Routine aufbauen und Urlaubszeiten einplanen, wenn ihm das so beliebt. Es ist jedoch ein entscheidender Unterschied, ob du aus freien Zügen entscheidest, dass du gerne von Punkt 9:00 bis Punkt 17:00 Uhr arbeiten willst, oder ob es dir vorgeschrieben wird. Das eine ist eine Freiheit, die du dir erarbeitet hast, indem du dich selbstverwirklichst. Das andere ist Zwang.

Mit dem freien und bewussten Einteilen deiner Zeit hast du jedoch erst die halbe Miete auf dem Weg in die berufliche Freiheit. Wenn du nun aufgehört hast, dem klassischen, trägen 9-to-5-Mindset zu folgen, dann gilt es, auch andere Arbeiten abzugeben. Putzt du noch selbst? Kochst du noch selbst? Gehst du selbst einkaufen? Reparierst du selbst dein Fahrrad oder den leckenden Wasserhahn? Diese Aktivitäten sind für manche Menschen erholsam – für viele aber eher eine alltägliche Last. Sie nehmen sie auf sich, weil sie halt getan werden müssen. Dies macht jedoch keinerlei Sinn, wenn man in etwas anderem seine Berufung gefunden hat und darin entsprechend gut ist. Zu Zeiten, während man in Schule, Ausbildung und Studium ist und kaum eigenes Einkommen hat, kommt man meist nicht drumherum, diese Dinge selbst zu tun, und das ist auch sinnvoll. Denn du solltest die grundlegende Fähigkeit, für dich selbst sorgen zu können, schon haben – eine vollständige Abhängigkeit beim Kochen, Saubermachen oder Einkaufen hat mit Freiheit auch nichts zu tun. Wenn du aber den Weg der Selbstverwirklichung eingeschlagen hast, dementsprechend deutlich mehr als BAföG oder Mindestlohn verdienst und den Großteil deines Tages an deiner Lebensaufgabe arbeitest, also deiner Berufung nachgehst – warum solltest du dann deine Erholungszeit nach der Arbeit oder am Wochenende mit Kochen, Putzen oder Reparaturen verbringen? Es gibt andere Menschen, deren Berufung oder Aufgabe genau diese Dinge sind. Wenn du diesen Menschen nun einfach Geld gibst, um diese Notwendigkeiten für dich zu erledigen, werden sie wesentlich besser erledigt, als wenn du sie selbst machen würdest, denn es sind nun Profis am Werk. Zudem hast du mehr Zeit für deine Erholung und dein Wohlbefinden, was dich wiederum effektiver, produktiver und kreativer in deiner Arbeit macht. Du eliminierst so mögliche Stressquellen und ersetzt diese durch Erholungszeiträume. So ist der ganzen Gesellschaft geholfen: Du leistest bessere Arbeit und unterstützt mit deinem Geld andere, die in ihrem Feld ebenfalls großartige Arbeit leisten. Sei es der Koch im Restaurant, die Handwerkerin, die bei dir etwas repariert oder der Fahrradprofi, der dir den Platten flickt. Zudem kannst du dich so wirklich auf den Feierabend, das Wochenende oder den Urlaub freuen, weil du diese Zeiten wirklich frei hast und genießen kannst. Auch wenn du mal wieder etwas länger an einem Projekt gearbeitet hast und daher später von der Arbeit kommst, hast du nun Feierabend und musst nicht auch noch aufräumen, kochen und reparieren.

Wenn du *grenzenlos* sein möchtest, dann findest du deine Lebensaufgabe und fokussierst dich voll darauf. Arbeitszeiten sind dir relativ egal, denn du machst, was du liebst. Aber wenn die Arbeit vorbei ist, dann machst du nicht auch noch die Arbeit anderer, sondern nutzt das Geld, das du verdienst, um andere ihre Arbeit machen lassen zu können. Du lässt dich bezahlen in dem Bereich, in dem du Profi bist, und bezahlst andere Profis in den zahlreichen anderen Bereichen, in denen du nur Amateur bist. Das ist der Vorteil an der Arbeitsteilung in unserer Gesellschaft: Jeder macht das, was er am besten kann und am liebsten macht, und bezahlt andere dafür, was sie am besten können und am liebsten machen. So geht es am Ende allen besser.

grenzenlos!

Wenn du herausragend werden möchtest, geh in deinem eigenen Interesse die Extrameile, die andere nicht gehen.

Grenzenlos:
Nie wieder Montag

Wie häufig habe ich schon Menschen dabei zuhören müssen, dass sie sich über den Montag beschweren. Sei es im Bekanntenkreis, in der U-Bahn oder damals meine Kolleginnen, als ich noch meinen Angestelltenjob verrichtet habe. Wir leben in einer Gesellschaft, in der anscheinend jeder den Montag hasst und sich davor graut. Dabei ist das doch völlig unnötig – wenn jeder sich selbst verwirklichen würde, müsste sich niemand vor einer neuen Arbeitswoche scheuen. Schließlich ist der Montag nur grausam, wenn man seine Arbeit nicht mag. Auf diesen Fakt sind wir in den letzten beiden Kapiteln bereits zur Genüge eingegangen. An dieser Stelle möchte ich noch einen anderen Umstand gezielt beleuchten, von dem ich mir gewünscht hätte, dass mir das jemand schon früher beigebracht hätte:

Unsere komplette Zeiteinteilung ist ein Fantasiekonstrukt.

Dieses Konstrukt ist sinnvoll. Es sorgt dafür, dass du auch drankommst, wenn du einen Termin beim Arzt hast. Es sorgt dafür, dass der Supermarkt offen hat, wenn du hingehst und es sorgt dafür, dass dein Paket vom Paketboten nicht beliebig mitten in der Nacht geliefert wird, sondern zu einer Tageszeit, zu der die meisten Menschen arbeiten.

Zu diesen zahlreichen gesellschaftlichen Faktoren, die eine gewisse Zeiteinteilung sinnvoll machen, gibt es auch biologische und astronomische Faktoren, die dafür sprechen. So ist beispielsweise der Schlaf in der Nacht erholsamer als der am Tag und zahlreiche andere biologische Abläufe richten sich nach Tag/Nacht, Sommer/Winter und anderen natürlichen Abläufen. Diese Abläufe haben Menschen in ein Konstrukt geformt, das sich Zeit nennt. Dieses Konstrukt bilden wir mit Uhren und Kalendern ab. So weit, so sinnvoll.

Wenn es nun aber um deine eigene Potenzialentfaltung geht, dann steht dir dieses Konstrukt an der einen oder anderen Stelle womöglich im Weg. Denn genauso wie es für dich womöglich völlig sinnlos ist, dich nach einer festen 9-to-5-Routine zu richten, genauso sinnlos ist es womöglich, dich konsequent nach einem spezifischen Wochen-, Monats- oder Jahresrhythmus zu richten. Ein einfaches Beispiel ist ein Koch. Jemand, dessen Berufung in der Gastronomie liegt, der arbeitet meist weder 9-to-5 noch Montag bis Freitag. Im Gegenteil, er arbeitet, wenn alle anderen nicht arbeiten: abends, am Wochenende, am Feiertag, an Silvester, an Heiligabend. Gleiches gilt für Entertainer, Profisportlerinnen, Rettungssanitäter, Pilotinnen und viele andere Berufe. Ähnlich gilt das für Selbstständige und Unternehmerinnen und alle, die komplett ihr eigenes Ding machen – denn dann zählt allein das Ergebnis und nicht eine feste Zeit, die du absitzt. Wenn du zu einer dieser Berufsgruppen zählst oder zu einer, auf die Ähnliches zutrifft, dann ist es vermutlich lohnenswert, dich von der klassischen Zeiteinteilung zu lösen. Ebenso solltest du dies tun, wenn es dir besser tut. Manche Menschen arbeiten lieber morgens, andere lieber abends. Wenn du für dich herausfindest, dass du am liebsten von 4:00 Uhr nachts bis mittags arbeitest, dann lass dich nicht davon abbringen – das ist der Vorteil der Selbstverwirklichung, du bist deines eigenen Glückes Schmied und du kannst dein Leben genauso gestalten, wie du es möchtest. Gleiches gilt für das Wochenende, deinen Geburtstag, Weihnachten oder Silvester. Wenn du lieber Samstag und Sonntag arbeitest und dafür Montag, Dienstag frei machst, dann tue das. Wenn du gerne an deinem Geburtstag arbeitest, dann lass dich davon nicht abbringen.

Bei mir ist es mittlerweile so, dass ich meistens gar kein konkretes Zeitgefühl habe. Wenn ich in ein Projekt vertieft bin, kann ich dir nicht sagen, ob es gerade Sonntag oder Mittwoch ist. Und wenn ich Urlaub mache, kann ich dir nicht sagen, was für ein Tag ist. In beiden Fällen interessiert es mich auch nicht. Klar, ich schaue ab und zu auf meinen Kalender, weil er mir anzeigt, dass ich einen Termin habe und an meine Termine halte ich mich konsequent – auch das ist eine Eigenschaft von High-Performern. Aber ob der Termin nun am Freitag, Sonntag oder Dienstag ist, spielt für mich eine untergeordnete Rolle. Das Einzige, was für mich eine Rolle spielt, ist, dass ich meine Leben lebe und erfüllt und glücklich bin. Erfüllt und glücklich kann ich sowohl am Montag wie an jedem anderen Tag in der Woche, im Urlaub, am Feiertag oder wann auch immer sein.

Viele Menschen hingegen verfallen am Sonntagabend schon in gefühlte Depressionen, weil die Woche beginnt.

Im Radio werden sie am Montag früh dann darin bestätigt, ab Mittwoch wird dem Wochenende entgegengefiebert. Viele leben nur für das, was sie als angenehm betrachten – den Feierabend, das Wochenende, den Urlaub, die Rente. Einige führen sogar Strich-Kalender, an denen sie die Tage bis zur Rente abstreichen. Weil dann alles besser wird – denken sie. Doch es gibt sogar Studien, die einen Zusammenhang zwischen frühem Tod und früher Rente herstellen.

Willst du auch so enden? Willst du dich an fünf von sieben Tagen, also über zwei Drittel deines Lebens, miserabel fühlen, nur um dich auf die Rente zu freuen und dann tot umzufallen? Und selbst wenn du im Alter noch zwanzig Jahre oder mehr lebst – denkst du, dass du dir dann nicht wünschst, du hättest schon früher angefangen, dein Leben zu leben? Damals, als du noch jung und fit warst. Damals, als du noch viel Energie hattest und noch keinen Rollator zum Gehen brauchtest? Und was ist, wenn dich ein Schicksalsschlag trifft und du die Rente gar nicht erreichst? Willst du nicht lieber jetzt schon sieben von sieben Tage dein Leben leben, 365 Tage im Jahr?

Grenzenlosigkeit bedeutet, dass du dein Leben so ausrichtest, dass du immer Erfüllung findest. Völlig unabhängig von Uhrzeit, Kalendertag oder Jahreszeit. Sei *grenzenlos*, anstatt die ganze Zeit auf eine bestimmte Zeit oder einen bestimmten Tag zu warten. Denn wenn du das tust, kannst du dir sicher sein, dass du in deinem Leben nicht auf dem richtigen Weg bist. Auch das ist okay, in dem Fall nimmst du jetzt eine Kurskorrektur vor und richtest dein Leben so aus, dass du schnellstmöglich nicht mehr die ganze Zeit das Bedürfnis hast, auf die Uhr oder den Kalender zu schielen.

grenzenlos

Wie sähe dein Leben aus, wenn es keine Uhrzeit gäbe?

Grenzenlos:
Nie wieder zu wenig Geld

Der Traum vom großen Durchbruch ist ein weiteres Mal zerplatzt. Wieder versagt. Wieder zurück in die Heimat. Wieder gemeinsam mit der Ehefrau im Keller bei den Eltern übernachten. Insgesamt nur noch sieben Dollar in der Tasche und nicht einmal Benzin im Tank. Ähnliche Rückschläge waren ihm schon mehrmals passiert: vertrieben mit vierzehn Jahren, mehrfach straffällig vor dem 16. Lebensjahr, eine gescheiterte Karriere als Footballprofi – zweifach. *Wenn man mit dem Rücken zur Wand steht, ist der einzige Weg nach vorn*, dachte er sich. Dann ging er nach vorn. Er wurde der erfolgreichste Wrestler seiner Zeit. Dann verletzte er sich und musste sich umorientieren. Anstatt den Kopf in den Sand zu stecken, ging er nach Hollywood und kämpfte sich durch. Seine Filme floppten, niemand wollte ihn engagieren und trotzdem hörte er nicht auf. Heute ist er der bestbezahlteste Hollywood-Schauspieler, der erfolgreichste männliche Social-Media-Influencer, hat eine eigene Klamottenmarke, einen eigene Tequila-Fabrik und mit der XFL sogar eine eigene Profisport-Liga. Ja, richtig gelesen, der Mann, der zweifach seinen Traum vom Profi-Footballer aufgeben musste, besitzt inzwischen eine eigene Profi-Football-Liga. Die Rede ist von keinem geringeren als Dwayne »The Rock« Johnson. In Armut aufgewachsen, stand er in seinem Leben immer wieder vor einem Scherbenhaufen, ihm wurde oft nachgesagt, seine Karriere sei vorbei und er habe sich seine Zukunft verbaut. Doch er gab nie auf, ließ sich durch seinen Mangel an Geld und durch seine Rückschläge nicht entmutigen. Heute muss er sich um Geld keinerlei Sorgen mehr machen – sein Vermögen wird auf knapp eine halbe Milliarde Dollar geschätzt, Tendenz stark steigend. Wenn Dwayne Johnson das kann, dann kannst du das auch.

Wir alle wollen Geld. Nicht des Geldes wegen, sondern aufgrund der Möglichkeiten, die uns das Geld liefert. Zunächst geht es darum, ein sorgenfreies Leben zu führen. Wir möchten ein Dach über dem Kopf, genug Essen auf dem Tisch und Kleidung am Leib haben. Sobald diese Grundbedürfnisse gedeckt sind, möchten wir eine gute medizinische Versorgung, Bewegungsfreiheit und ein paar Rücklagen für die Altersvorsorge. Dann möchten wir vielleicht Kinder bekommen und denen ein gutes Leben und eine hervorragende Ausbildung bieten. Auch uns selbst möchten wir berufliche und persönliche Weiterbildung ermöglichen. Als Letztes kommt das Bedürfnis nach Selbstverwirklichung: Wir möchten uns weiterentwickeln, uns entfalten, vielleicht die Welt bereisen oder auf einer spirituellen Reise unser Inneres und dessen Verbundenheit mit dem Universum erkunden. Für die berufliche Weiterentwicklung und die persönliche Selbstverwirklichung suchen wir uns dann Coaches, Beraterinnen und Mentoren. Doch all das kostet Geld. Oder glaubst du, The Rock wäre so weit gekommen ohne Football-Trainer, Wrestling-Trainer, Schauspiellehrer, Fitnesscoaches, Manager, Berater, Mitarbeiter und viele andere Helfer zu engagieren? Geld ist also nicht etwas, wonach wir um des Geldes willens streben, sondern um uns zunächst abzusichern und dann uns und unseren Liebsten persönliche und berufliche Entwicklung und Potenzialentfaltung zu ermöglichen. Diese Entwicklung und Entfaltung verwehrst du dir selbst, wenn du dir nicht erlaubst, Geld zu verdienen. Ganz konkret mehr Geld, als du für dein Überleben brauchst. Schließlich willst du nicht nur knapp überleben, sondern dich in dieser Welt entfalten und dein volles Potenzial ausschöpfen – *grenzenlos* werden. Nur, dass die meisten sich nicht erlauben, genügend Geld zu verdienen, weil sie sich weigern, anderen wirklich zu helfen. Sie sind nicht bereit, anderen einen entscheidenden Mehrwert zu liefern – stattdessen sind sie auf sich selbst fokussiert.

> **Menschen, die immer nur darauf bedacht sind, auf sich selbst zu schauen, werden niemals genügend Geld haben.**

Solche hingegen, die anderen einen großen Wert liefern, werden auch entsprechend üppig dafür vergütet. Denke an »The Rock«, er hat sich nicht darüber beschwert, dass er nur noch sieben Dollar in der Tasche hatte und im Keller seines Elternhauses leben musste. Er ist stattdessen nach vorn gegangen, er hat einfach gemacht. Zunächst hat er Millionen Menschen mit seinen Wrestling-Künsten verzaubert. Dann hat er Millionen Menschen mit seinen Filmen Unterhaltung geboten. Heute liefert er zudem hunderten Millionen Menschen Inspiration auf Social-Media – allein auf Instagram hat er 282 Millionen Fans. Dass jemand, der so vielen Menschen einen Mehrwert liefert, viel Geld verdient, ist naheliegend. Du kannst es jedoch auch ohne viel Reichweite, Fame oder außerordentliche Fähigkeiten. Es reichen normale Fähigkeiten, die anderen entscheidend weiterhelfen, sodass diese Menschen bereit sind, für deine Leistung zu bezahlen. Der Maurer baut ein Haus. Die Ärztin hilft Kranken. Der Koch macht Menschen satt. Die Masseurin hilft, Menschen zu entspannen. Der Schneider lässt Menschen gut aussehen. Absolut jeder kann einen Mehrwert liefern, für den andere bereit sind, viel Geld zu bezahlen. Denn all diese Menschen lösen große Probleme von anderen Menschen. Niemand möchte schließlich ohne Dach über dem Kopf leben, jeder Kranke möchte genesen, jede Hungrige möchte gesättigt sein, wer verspannt ist, möchte entspannen und kaum einer möchte nackt aus dem Haus gehen. Völlig egal also, ob du Entertainer bist wie Dwayne Johnson, ob du ein klassisches Handwerk machst, ob du studiert hast oder Autodidakt bist – all das spielt keinerlei Rolle bei deinen Erfolgsaussichten und der Möglichkeit, Geld zu verdienen. Viel Geld.

Entscheidend ist, dass du einen Mehrwert lieferst. Dies ist der Knackpunkt, den viele Menschen nicht verstehen. Sie wollen Geld, sie wollen Erfolg, die wollen ein sorgenfreies Leben, aber sie sind nicht bereit, dafür auch einen Wert zu liefern. The Rock hingegen hat sich nicht beschwert. Er hat nicht das Universum verflucht oder die Politik oder die Wirtschaftslage. Er ist bei jedem Rückschlag immer wieder aufgestanden und hat sein Schicksal in die Hand genommen. Wir alle können das. Wir müssen es nur machen. Außerdem müssen wir lernen, etwas zu liefern, was andere haben wollen.

Viele Menschen machen jedoch das Gegenteil – sie studieren Sozialwissenschaften oder Kunstgeschichte und fragen sich dann, warum ihnen niemand Arbeit anbietet. Ganz einfach: weil es nur wenige Menschen gibt, denen ein Kunstwissenschaftler einen Mehrwert bieten kann. Doch selbst wenn du ausgerechnet Kunstgeschichte studiert hast, gibt es keinen Grund zu verzagen. Auch da ist es möglich, viel Geld zu verdienen – wie in fast jedem anderen Bereich auch. Nicht, dass es nötig wäre, viel Geld zu verdienen, aber wenn es dir wichtig ist, kannst du dies in allen Bereichen tun, wenn du kreativ, fleißig und kompetent bist.

Du musst einfach nur kreativ werden und Menschen finden, denen deine Fähigkeiten einen entscheidenden Mehrwert liefern.

Wie wäre es z. B., wenn du vermögenden Menschen dabei hilfst, Kunst zu bewerten? Viele betuchte Menschen wollen gerne Kunst als Geldanlage kaufen, haben jedoch keinerlei Ahnung von Kunst. Für diese Menschen kann das Wissen einer Kunsthistorikerin von entscheidendem Mehrwert sein. Schon hast du auch aus einer Ausbildung mit »schlechten Aussichten« am Arbeitsmarkt für dich selbst eine Stelle geschaffen, die dir viel Geld einbringen kann. Oder nehmen wir meinen Co-Autor Florian, er hat es sich zur Lebensaufgabe gemacht, gute Bücher zu schreiben, die andere Menschen inspirieren. Eigentlich auch ein Feld, bei dem man im Volksmund von »brotloser Kunst« spricht. Dennoch hat er es als Autor zu einem guten Einkommen gebracht, weil er den Fokus darauf setzt, anderen einen Mehrwert zu liefern. Auch Ringen und Schauspielerei sind nicht unbedingt Berufsfelder, von denen man annehmen würde, dass man dort viel Geld verdienen würde. Eine halbe Milliarde in Dwayne Johnsons Portfolio beweist das Gegenteil.

Wie du siehst, du kannst deinen Fokus darauf legen, dass zu wenig Geld da ist, und dann wird sich diese Ansicht in deinem Leben manifestieren. Oder du legst den Fokus darauf, dass mehr als genug Geld für alle da ist und du nur herausfinden musst, einen Teil von den riesigen Mengen an Geld, die es in der Welt gibt, zu dir fließen zu lassen. Diesen Fluss leitest du in deine Richtung, indem du anderen hilfst, ihnen einen Mehrwert lieferst und dir dafür einen entsprechenden Gegenwert in Geld geben lässt. Je länger du etwas machst, je besser du dadurch wirst und je mehr Menschen deshalb aufgrund von Weiterempfehlungen von deinen Fähigkeiten erfahren, desto mehr Geld wird in deine Richtung fließen. Dann wirst du nie wieder zu wenig Geld haben. Im Gegenteil, du kreierst einen Überfluss. Denn je länger du etwas machst, je besser du dadurch wirst und je mehr Menschen von dir erfahren, desto mehr Geld wollen sie dir geben. Das gilt für The Rock, der immer mehr Kinobesucher dazu bewegt, seine Filme anzusehen. Das galt für mich, als ich im Alleingang mehr Zuschauer auf YouTube hatte als alle großen deutschsprachigen TV-Sender im Fernsehen. Genauso gilt das für den herausragenden Arzt, der immer mehr Patientenempfehlungen bekommt, die herausragende Massörin, die immer mehr Kunden bekommt und den herausragenden Schneider, bei dem sich immer mehr Menschen einen Anzug oder ein Kleid maßanfertigen lassen. Je besser diese Menschen mit der Zeit in ihrem Tätigkeitsfeld werden, desto mehr Geld fließt in ihre Richtung – vorausgesetzt natürlich, sie nehmen es auch an, indem sie ihre Leistung anderen anbieten, vermarkten und verkaufen.

Der Überfluss, der dadurch entsteht, führt dann einerseits dazu, dass du dir nie wieder Sorgen um Geld machen musst. Das ist schon einmal extrem erfüllend und entspannend für dich. Noch viel erfüllender ist es jedoch, dass du nun auch für andere sorgen kannst. Sei es, dass du deinen Kindern eine gute Ausbildung finanzieren kannst, dass du deinen Eltern ein würdevolles Altern ermöglichst, Freunden bei finanziellen Engpässen unter die Arme greifst oder einem guten Zweck, der dir am Herzen liegt, eine größere Summe Geld spenden kannst als die vierzig Euro, die Deutsche im Schnitt bereit sind, an Spenden abzugeben.

Wenn du *grenzenlos* sein willst, dann musst du dafür sorgen, dass du nie wieder zu wenig Geld hast. Solange du im Überlebenskampf bist oder Geldsorgen hast, ist es, als würdest du mit Scheuklappen durchs Leben laufen: Dein einziger Fokus liegt auf dem, worum du dir eigentlich am wenigsten Gedanken machen möchtest, nämlich Geld. Erst wenn du diese Sorgen los bist, hast du überhaupt die zeitlichen, geistigen und finanziellen Kapazitäten, um so richtig in deine Potenzialentfaltung zu gehen. Sorge also dafür, dass du nie wieder zu wenig Geld hast. Das ist im Grunde genommen ganz einfach: Schaffe mit deinen Fähigkeiten einen Mehrwert, für den andere bereit sind, dich gut zu bezahlen. Entscheidend ist dabei in erster Linie dein eigener Selbstwert. Wenn du nicht nach dem fragst, was deine Leistung wert ist, wirst du es auch nicht bekommen. Kurzum: Schaffe einen Wert und lasse dich entsprechend vergüten. Egal ob als Arbeitnehmer, Freelancer, Selbständige, Unternehmer oder Investorin. Solltest du die Unterscheidung zwischen diesen Begriffen nicht kennen, setze dich mit unserem Geld- und Wirtschaftssystem auseinander, denn wer die Spielregeln nicht versteht, kann das Spiel auch nicht gewinnen. Ein guter Ansatzpunkt dafür ist das Buch »Rich Dad, Poor Dad« von Robert T. Kiyosaki.

Nun los, schaffe Werte und sorge dafür, dass du nie wieder zu wenig Geld hast. Damit hast du einen riesigen Meilenstein in Richtung Grenzenlosigkeit geschafft. Geld ist Energie. Eine Energie, die sinnvoll investiert immer vermehrt zu dir zurückkommt. Lass es fließen.

grenzenlos!

Entscheide dich, was du gern tust, überlege, was es dazu braucht, um sorgenlos zu leben, und sei kreativ darin, Lösungen zu finden.

Grenzenlos:
Nie wieder Sorgen

An meiner Uni kursierte damals eine traurige Geschichte, die mir bis heute in Erinnerung geblieben ist: Ein Jurastudent stand vor seinem zweiten Staatsexamen. Das erste hatte er mit Mühe bestanden und auch fürs zweite Examen hat er sich sehr angestrengt, um zu bestehen. Eine Geschichte, die fast jeder Jurastudent berichten kann. So weit, so normal also. Dieser Student ging nun in sein zweites Staatsexamen und gab sich allergrößte Mühe. Er kämpfte bis zur letzten Minute und versuchte, seine Prüfer mit all seinem Wissen zu überzeugen, das er sich über die vielen Jahre seines Jurastudiums konsequent angeeignet hatte. Als er die Prüfung verließ, war er am Boden zerstört. Seine Anstrengungen schienen nicht ausreichend gewesen zu sein, er war sich sicher, dass er durchgefallen war. Viele Jahre Vorbereitung auf diesen einen Moment. Tausende Stunden in der Bibliothek den Kopf zerbrochen, nur um am Ende doch zu scheitern. Er ging nach Hause und nahm sich das Leben. Kurze Zeit später wurden die Prüfungsergebnisse bekanntgegeben und es stellte sich heraus, dass er bestanden hatte.

Diese Geschichte ist extrem tragisch und klingt krass, fast etwas übertrieben, doch sie ist wohl genauso passiert. Auch wenn du dir jetzt vielleicht denkst, dass du nicht so extrem überreagieren würdest, dass du dir in einer ähnlichen Situation weniger Sorgen machen würdest oder dass du einfach neu starten würdest. Die Wahrheit ist: Auch du hast vermutlich schon diesen Fehler gemacht. Glücklicherweise nicht in der gleichen Intensität, sonst würdest du jetzt nicht hier sitzen und dieses Buch lesen, aber zumindest in Ansätzen. Denke an das Mal, als du den ganzen Becher Eis, die Tafel Schokolade oder die Packung Kekse verdrückt hast, nur weil die Person, in die du verknallt warst, sich nicht sofort zurückgemeldet hat. Oder eines der Male, als du dir Sorgen über die Arbeit, deine Gesundheit oder deine Liebsten gemacht hast, nur um am nächsten Tag aufzuwachen und festzustellen, dass es eigentlich gar keinen Grund für Sorgen gab. Vielleicht hast du dir auch schon mal Sorgen gemacht, weil du Angst vor einer Prüfung hattest, Angst vor einem Date, Angst vor einem Bewerbungsgespräch oder Angst vor dem Zahnarztbesuch. Vielleicht bist du sogar in Panik geraten, weil dein Business diesen Monat zwei Kunden weniger abgeschlossen hat als im Monat zuvor. Was immer deine Sorgen sein mögen, fast alle von uns machen sich zu viele davon.

Jedes Mal, wenn ich mir Sorgen mache, denke ich an die traurige Geschichte des Jurastudenten. So führe ich mir vor Augen, dass meine Sorgen vermutlich völlig übertrieben sind und das Einzige, was sie tun, ist, dass sie mir schaden. Denn das ist das Einzige, was Sorgen tun.

Haben deine Sorgen schon einmal irgendeine Situation verändert?

Definitiv nicht! Egal ob du dir Sorgen machst oder nicht, deine Ergebnisse ändern sich dadurch nicht. Entweder du bestehst die Prüfung oder du fällst durch, entweder das Date meldet sich oder nicht, entweder die Spinne sitzt auf der Fensterbank oder nicht. Die Sorgen ändern daran nichts.

Meistens verläuft die Situation dann sowieso besser, als wir uns zuvor ausgemalt haben – so wie bei dem Jurastudenten. Und selbst wenn sich unsere Befürchtungen bewahrheiten, helfen die Sorgen uns dabei nicht. Sie führen nur dazu, dass wir uns selbst schaden, immer emotional, schlimmstenfalls sogar körperlich. Denn Sorgen machen krank – sowohl körperlich als auch psychisch.

Wir haben also nur eine sinnvolle Option. Diese Option ist, dass wir unser Bestes geben. Dann lassen wir die Sache los und schauen, was passiert. Meistens hat es gereicht, in diesem Fall ist sowieso alles gut und die Sorgen wären völlig verschwendete Energie gewesen. Manchmal reicht es nicht und auch dann sind die Sorgen nur verschwendete Energie gewesen, denn sie haben am Ergebnis nichts verändert. Wenn das passiert, stehen wir auf, lernen aus unseren Fehlern und machen sie nicht noch einmal. Wenn wir eine einmalige Chance verpasst haben – egal ob Staatsexamen, Date mit dem Traumpartner oder das einmalige Jobangebot – dann hätte es sowieso nicht sein sollen.

Sorgenmachen hilft dir nicht und du kannst all deine Sorgen jetzt sofort loslassen.

Dies folgende Übung hilft mir. Mache sie einfach immer, wenn du dich mal wieder sorgst oder dich nicht gut fühlst. Ich mache sie manchmal mehrmals am Tag: Setze dich bequem hin. Schließe die Augen, höre einfach zu. Nimm die Geräusche deiner Umgebung wahr. Spüre die Gefühle in deinem Körper. Lass deine Gedanken an dir vorbeiziehen, halte nicht an ihnen fest. Dann setze deine volle Aufmerksamkeit auf deine Atmung. Langsam in und aus. Nutze deine ganze Lunge – in den Bauch, in die Flanken, in die Brust. Lass deine Atmung immer langsamer und tiefer werden. Wenn ein neuer Gedanke kommt, lass ihn vorbeiziehen wie eine Wolke. Es ist okay, dass er da ist, aber schenke ihm keine besondere Aufmerksamkeit. Komm zur Ruhe. Einfach nur sein. Mit dir. Tu das für zehn Minuten und stelle fest, wie sehr dein Zustand sich geändert hat. So findest du absolute Stille. Und sie ist am notwendigsten, wenn du es am wenigsten möchtest.

Das verbessert deine Lebensqualität umgehend und setzt zudem massiv körperliche und geistige Kapazitäten frei, die dir dabei helfen, viel schneller zu deinen gewünschten Ergebnissen zu kommen, als würdest du dich die ganze Zeit sorgen.

Wenn mal etwas passiert, was du überhaupt nicht gut findest – egal wie schrecklich oder vernichtend es sein mag –, frage dich: Was ist, wenn es sich um ein Geschenk handelt? Aus jedem Rückschlag kannst du etwas lernen, was dich in Zukunft bereichern kann, und jedes Mal, wenn du von deinem Weg abgebracht wirst, kann es sein, dass das Leben dir in Wirklichkeit gerade eine Abkürzung gezeigt hat.

Natürlich ist es nie schön, eine Schreckensnachricht zu bekommen. Eine Trennung, eine Krankheit oder der Tod eines geliebten Menschen. Doch auch diese Ereignisse können sich als Geschenk entpuppen. Der Tod meiner Mutter war furchtbar für mich. Doch gleichzeitig hat er mich an die Vergänglichkeit der Dinge erinnert. An meine eigene Sterblichkeit. Daran, dass nichts bleibt, wie es ist. Diese Erkenntnisse bringen zwar meine Mutter nicht von den Toten zurück, doch sie geben mir ganz besondere Geschenke: Ich genieße jeden Moment mit den Menschen, die ich lieb habe. Denn ich weiß, es könnte der letzte sein. Ich lebe jeden Tag meines Lebens in vollen Zügen, denn er könnte der letzte sein.

*Ich leiste keinen Widerstand gegen Veränderung,
denn Leben ist Veränderung.*

In jedem Erlebnis und in allem, was uns widerfährt, liegen Lektionen, Erkenntnisse und Weisheit, die unser Leben bereichern können. Wir müssen nur bereit sein, diese Dinge zu sehen, aus ihnen zu lernen und unser Leben entsprechend anzupassen.

Egal was es ist: Sorgen helfen dir nie weiter, sie beschweren dich nur, nehmen dir Energie und halten dich auf. Lass sie los und du hast dich in nur einem Augenblick von deinen größten Begrenzungen befreit. Jede Sorge hat in ihrem Ursprung die Angst vor dem Tod. Egal um welche Situation es sich handelt, die unterschwellige Logik ist: Wenn etwas nicht so kommt, wie du es dir erhoffst, dann ist das der erste Schritt in Richtung Tod. Aber frage dich eines: Wie oft hattest du Sorgen, weil das, was du nicht wolltest, eingetreten ist und du bist daraufhin gestorben? Eben. Das ist noch nie passiert.

grenzenlos!

Deine Sorgen sind die größten Zäune bei deinem Aufbruch ins Land des Unbekannten. Doch sie sind nur in deinem Kopf.

Grenzenlos:
Nie wieder Angst

Viermal bin ich fast gestorben. Einmal wäre ich als Kind um Haaresbreite im See ertrunken. Das zweite Mal war ich Fallschirmspringen und ich dachte, das Ding öffnet sich nicht, das dritte Mal wurde ich in Los Angeles im exklusivsten Club der Welt stehend und mit offenen Augen bewusstlos, alle meine Sinne waren weg, ich habe die Kontrolle über meinen Körper und meinen Geist verloren. In der Stille des Nichts, in der ich mich wiederfand, hallte nur ein einziger Gedanke: »Du bist tot.« Und das vierte Mal war nicht ganz jugendfrei – daher spare ich die Details an dieser Stelle aus – ein Bus und andere Menschen waren involviert. Zudem ist, wie du weißt, meine Mutter sehr früh gestorben. Es hat also in meinem Leben so einige Male gegeben, wo ich dem Tod direkt ins Gesicht schauen durfte. Jedes dieser Male war schrecklich, ich hatte furchtbare Angst und habe mich völlig hilflos gefühlt.

Ich war gerade sechs Jahre alt und konnte noch nicht schwimmen, als ich plötzlich keinen Boden mehr unter den Füßen hatte. Eine gefühlte Ewigkeit habe ich mit Armen und Beinen gestrampelt, bevor ich unterging und Wasser einatmete. In der letzten Sekunde hat mich jemand gesehen und an Land gezogen. Eigentlich wollte ich nie Fallschirmspringen, doch meine Freunde haben mich einfach mitgenommen. In der letzten Minute vor dem Sprung erzählte mir einer der erfahrenen Springer, dass er es schon erlebt habe, dass der Schirm nicht aufgegangen sei – nur der Notfallschirm habe ihn gerettet, der funktioniere aber auch nicht immer. Ich war panisch. Als ich dann aus dem Flugzeug rausgeschubst wurde, war da zunächst ein Gefühl von Freiheit, doch dann kam der Boden immer näher und der Schirm war noch immer zu. Vor meinem inneren Auge war es vorbei, mich hatte das Schicksal ereilt, von dem mir gerade erzählt wurde. Dann ging er doch noch auf und ich nahm mir vor, nie wieder aus einem Flugzeug zu springen. Am schlimmsten war die Situation im Club. Plötzlich hatte ich keine Kontrolle mehr über meine Gliedmaßen, meine Stimme war weg, meine Gedanken stockten. Ich verlor jegliche Kontrolle über alles. Panisch versuchte ich, einem meiner Freunde ein Signal zu geben, doch ich konnte nichts tun. Meine Arme taten nicht, was ich wollte, meine Beine und mein Mund auch nicht. Ich war wie gefangen in meinem Körper und stand wie angewurzelt da. Bis ich umfiel – alles verlangsamt sich, Farben, Lichter, Töne, alles in Slowmotion, ich verlor das Bewusstsein. Glücklicherweise hat mich im letzten Moment jemand aufgefangen und ich wachte einige Zeit später wieder auf. Bis heute weiß ich nicht, was für ein schlechter Film sich an diesem Tag in meinem Körper abgespielt hat.

Niemandem wünsche ich solche Extremsituationen, denn sie sind nicht angenehm. Doch auch an diesen Stellen habe ich mir natürlich später die Frage gestellt: Was ist, wenn es ein Geschenk war? Abgesehen davon, dass ich mir wünschen würde, meine Mama würde noch unter uns weilen, bin ich für jeden meiner »Nah-Tod«-Momente dankbar, denn sie haben mir das größte Geschenk gegeben, das ein Mensch möglicherweise zu Lebzeiten erhalten kann. Nein, ich rede nicht vom Traumpartner, von viel Geld oder irgendwelchen Errungenschaften. Das größte Geschenk ist, die Angst vor dem Tod zu verlieren.

Diese Angst ist uns Menschen angeboren. Wir wissen, dass das Leben endlich ist und es in jedem Moment enden könnte. Doch wir verschließen unsere Augen vor dieser Tatsache. Wir vermeiden es, das eigene Testament zu schreiben, es ist uns ein Gräuel, auf Beerdigungen zu gehen, und wenn eine zu unseren Lebzeiten noch nie dagewesene Pandemie ausbricht, verfallen wir alle in Panik und schließen uns mit einem Keller voll Klopapier zu Hause ein. Zudem versuchen wir, alles immer noch sicherer zu machen. Das Auto hat an jeder nur denkbaren Risikostelle Airbags, am Flughafen folgt auf eine Sicherheitsschranke die nächste und wir begeben uns jährlich mindestens einmal zur Vorsorgeuntersuchung. Nichts davon ist grundsätzlich falsch oder ohne Sinn. Doch was wir nicht erkennen, ist, dass wir Symptome behandeln, nicht die Ursache. Die Symptome sind die Ängste, die sich in uns breitmachen. Mit immer mehr Sicherheitsvorkehrungen versuchen wir sie dann zu beseitigen.

Fies ist, dass jede Angst, die durch eine Sicherheitsvorkehrung beruhigt wurde, eine neue hervorruft.

In einem Auto ohne Airbag fühlen wir uns unwohl, in einem Auto mit Airbag fühlen wir uns zwar weniger unwohl, die Ängste sind aber trotzdem nicht weg. Denn was ist, wenn der Airbag im falschen Moment auslöst? Oder noch schlimmer, was ist, wenn der Airbag da ist, aber beim Unfall gar nicht auslöst? Du siehst, die Angst ist wie ein mehrköpfiger Drachen, schlägst du einen Kopf ab, wachsen mehrere Köpfe nach.

Das Einzige, was wir tun können, um all die alten und neuen Ängste, die wir so mit uns herumschleppen, komplett loszuwerden, ist letzten Endes nach nur eine Sache: Wir müssen unsere ultimative Urangst loswerden, unsere Angst vor dem Tod. Denn nur, wenn wir keine Angst mehr vor dem Tod haben, können wir unser Leben wirklich leben. Ein lebenswertes Leben lebst du nicht, indem du dich weiter und weiter einschränkst, immer noch mehr Vorsichtsmaßnahmen triffst und dich zu Hause isolierst.

> *Dein Leben lebst du, indem du furchtlos nach vorne gehst.*

Der Tod kommt sowieso und du weißt nicht, wann. Wahrscheinlich kommt er auch anders, als du es befürchtest. Daher bringt es überhaupt nichts, mit dieser Angst herumzulaufen. Das Einzige, was sie tut, ist, dich in deiner Potenzialentfaltung zu beschränken.

Eine weitere wertvolle Erkenntnis ist, dass die Angst vor einer Sache oder einem Ereignis nur ein Teil von dem ist, was uns einschränkt. Was uns tatsächlich noch mehr eingrenzt, ist die Angst vor der Angst. Häufig treffen wir Entscheidungen nicht, weil wir Angst davor haben, dass uns das Resultat der Entscheidung Angst bereiten könnte. So machen wir nicht das Auslandsjahr oder die Weltreise, weil wir Angst haben, dass es aufregend sein könnte und wir uns zeitweise unsicher und einsam fühlen könnten. Wir sprechen die attraktive Person nicht an, weil wir Angst davor haben, dass wir abgelehnt werden könnten. Wir gehen nicht auf die Bühne, weil wir Angst haben, ausgebuht zu werden. Fast alle Menschen sabotieren sich auf diese Weise nicht nur, indem sie Angst verspüren, ohne etwas dagegen zu tun, sie schränken sich zudem ein, indem sie sich durch die Ängste davon abhalten lassen, sich zu entfalten und weiterzuentwickeln. Das Tragische ist, dass viele dieses Verhalten nie wieder verlernen. Sie verbringen ihr ganzes Leben damit, sich immer weiter einzuschränken, ein um die andere Vorsichtsmaßnahme zu treffen und ja keine Fehler zu machen. Das Gegenteil von Potenzialentfaltung und Grenzenlosigkeit also.

Bewahre dich selbst vor diesem Schicksal und bewahre dich vor Menschen, die ein solches Leben führen. Gewinne schnellstmöglich so viel Abstand wie möglich.

Angst ist ansteckend.

Wenn dein Umfeld aus ängstlichen Menschen besteht, wirst auch du dich früher oder später der Angst opfern. Wenn du verängstigende Medien konsumierst, Filme schaust oder Bücher liest, hat dies einen ähnlichen Einfluss auf dich. Lass die Angst Angst sein, aber woanders. Traue nie einem Menschen, der aus Angst anderen Menschen schadet oder Angst verbreitet. Ehe du dich versiehst, gehörst du selbst zu den verängstigten Angstmachern. Wenn du ein grenzenloses Leben führen möchtest, schau dir deine Umgebung genau an. Wenn dein Umfeld Angst hat, wird sich die Angst auf dich übertragen, wenn dein Umfeld optimistisch und positiv gestimmt ist, werden sich der Optimismus und die Positivität auf dich übertragen. Um losgelöst von Angst zu leben, ist es notwendig, dass du dir ein Umfeld aufbaust, das sich nicht der Angst opfert. Du möchtest stattdessen Menschen um dich herum scharen, die ebenfalls der Angst ins Gesicht schauen und nach vorne gehen.

Dies heißt nicht, dass du oder deine Familie und Freunde nie wieder Angst haben werden. Jeder hat mal Angst und das ist in bestimmten Situationen auch gut so. Du möchtest nur keine irrationalen Ängste und du möchtest keine Menschen, die solche irrationalen Ängste auf dich übertragen. Auch heißt das nicht, dass du nicht aufgeregt sein wirst, wenn du dich auf die Weltreise begibst, die attraktive Person ansprichst oder auf eine Bühne gehst. Nur lässt du dich durch diese Aufregung nicht davon abhalten diese Dinge zu tun und dich zu entfalten. Du nimmst die Aufregung wahr, bist dankbar für den Energieschub, den die Angst dir in dem Moment gibt, und dann gehst du durch sie durch, direkt auf das zu, was du machen oder erreichen willst. Das Adrenalin will dir im Moment der Aufregung dabei helfen, diesen Moment zu meistern, nicht dich davon abhalten. Diese körperliche Reaktion verstehen die meisten Menschen nur leider falsch.

Neben der Aufregung vor spannenden Dingen wie Auslandsaufenthalten, Prüfungen, Bühnenauftritten, Bewerbungsgesprächen und Dates gibt es natürlich noch diese grundlegende Angst, die wir eingangs schon betrachtet haben. Diese Angst, die zu immer mehr Absicherung und Einschränkung führt. Die Angst vor dem Tod. Fragt sich jetzt nur, wie du auch diese tieferliegende Angst am besten loswirst? Eine Möglichkeit ist es, dem Tod direkt in die Augen zu schauen, so wie ich es mehrfach tun musste. Wenn du dazu nicht gezwungen wirst, würde ich dir von dieser Strategie jedoch aus offensichtlichen Gründen klar abraten. Was du stattdessen tun kannst, ist, dich bewusst mit dem Tod auseinanderzusetzen.

Stelle dir deinen eigenen Tod vor. Finde dich damit ab, dass er irgendwann kommen wird.

Anerkenne, dass dies ein natürlicher Prozess ist. Diese mentalen Übungen helfen dir dabei, den Tod zu akzeptieren und seine Realität anzunehmen. Dann kannst du zusätzlich noch eine weitere Übung machen, die dich motiviert, dein Leben bis zu deinem Tod voll auszukosten und dein volles Potenzial zu entfalten, indem du *grenzenlos* wirst: Stelle dir deine Beerdigung bewusst vor. Wer soll dabei anwesend sein? Wie viele Menschen sollen da sein? Was sollen sie über dich sagen? Was sollen sie über dich denken? Was sollen sie von dir in ihrer Erinnerung haben? Werden sie dich überhaupt in Erinnerung behalten? Werden sie das Bedürfnis haben, zu kommen? Wenn ja, warum? Werden sie dich vielleicht sogar noch danach in Erinnerung behalten und ihren Kindern, Enkelkindern und anderen Menschen von dir erzählen? Was werden sie erzählen? Werden sie einen Grund haben zu erwähnen, was für ein besonderer Mensch du warst? Wenn ja, warum? Was hast du dafür getan? Was hast du für diese Menschen gemacht, dass sie dich so sehr in ihr Herz geschlossen haben? Womit hast du sie inspiriert? Wie hast du dein Leben gelebt, dass alle diese Menschen dich so gerne an dich und dein Leben erinnern?

Wenn du diese Übung gemacht hast, gehe los. Lebe dein Leben und sorge dafür, dass du das Leben lebst, das eine pompöse Trauerfeier verdient, auf der viele Menschen sind, die dich alle in so guter Erinnerung haben werden. Menschen, denen du noch lange ein Vorbild sein wirst, auch wenn du körperlich nicht mehr unter ihnen weilst. Sorge dafür, dass sie einen Grund haben, sich an dich zu erinnern. Sorge dafür, dass sie einen Grund haben, selbst ihren Nachfahren noch davon zu erzählen, was für ein besonderer Mensch du warst. Auf diese Weise wirst du sogar über dein Leben hinaus *grenzenlos*.

So lebst du dein Leben, wie du es leben willst, denn nur wenn du tatsächlich das verkörperst, wofür du erinnert werden willst, wirst du auch genau dafür erinnert werden. Sorge dafür, dass du dein Leben so lebst, dass sie einen Grund haben, zu kommen und um dich trauern, aber noch viel wichtiger: dein wundervolles gelebtes Leben zu feiern. Du möchtest, dass deine Geliebten am Ende auf deinem Grab tanzen.

grenzenlos!

Lebe dein Leben, als hätte es keine Grenzen!

Grenzenlos:
Nie wieder krank

Crash! Ein Auto wird dreißig Meter nach vorne geschleudert, bevor es zum Stillstand kommt. Die Bremsen des von hinten auffahrenden LKW quietschen ohrenbetäubend. Eine aufgebrachte Person springt aus dem Pkw, dessen Kofferraum völlig eingedrückt ist, sieht nach dem Wohlergehen des kleinen Jungen, für den sie gerade auf dem Zebrastreifen gebremst hatte, und schreit dann wutentbrannt den Lastwagenfahrer an. Der Pkw hat einen Totalschaden. Der Fahrerin geht es gut, sie hat nur einen verspannten Nacken und steht etwas unter Schock. Einige Tage später bekommt sie einen Anruf vom Gutachter der Versicherung, der ihr berichtet, dass sie eigentlich gar nicht mehr am Leben sein dürfte. »Trainieren Sie?«, fragt er die Dame. Fast niemand hätte den Unfall überlebt, einzig eine starke Muskulatur im Schulter- und Nackenbereich hätten einen Genickbruch verhindert. Diese Geschichte ist einer Bekannten meines Co-Autoren Florian erst letztes Jahr passiert. Regelmäßiges Training hat sie davor bewahrt, frühzeitig aus dem Leben zu gehen.

Erinnerst du dich an meinen exzessiven Energy-Drink-Konsum, dem ich mich damals mit neunzehn Jahren, am Anfang meiner YouTube-Zeit hingegeben habe? Nur weil ich damals gesundheitliche Probleme und graue Haare bekommen habe, bin ich zur Ärztin gegangen. Nur weil sie mir sagte, dass ich den Blutdruck eines Neunzigjährigen hätte und nicht bis zu meinem dreißigsten Lebensjahr durchhalten würde, habe ich meinen Lifestyle umgestellt und mit dem Koffein aufgehört. In Wirklichkeit war die Situation jedoch wesentlich brisanter, denn erst Jahre später habe ich herausgefunden, dass ich Koffein überhaupt nicht vertrage. Die Einschätzung, ich würde mein dreißigstes Lebensjahr nicht erreichen, sofern ich weitermache wie bisher, hatte die Ärztin für jemanden getroffen, der Koffein zumindest ganz normal verträgt. Ich hingegen hatte zu allem Überfluss noch eine Unverträglichkeit. Auch ich bin dem Tod damals glücklicherweise von der Schippe gesprungen – zum fünften Mal. Diese Situation war völlig selbstverschuldet und wäre nicht entstanden, hätte ich einfach von vornherein auf mich, mein Wohlbefinden, meinen Körper und meine Gesundheit geachtet.

Die Dame aus der Unfallgeschichte hat ihr Leben präventiv gerettet, indem sie regelmäßig trainiert, sich gesund ernährt, regelmäßig Yoga macht und sich rundum um ihren Körper und ihre Gesundheit kümmert. Damit konnte sie sich selbst das Leben retten, in einer Situation, in der sie sonst ohne ihr eigenes Verschulden bei einem Autounfall gestorben wäre. Ich habe das Gegenteil getan, indem ich meinen Körper geschunden habe, und hätte mich dabei fast völlig selbstverschuldet selbst zugrunde gerichtet, hätte ich so weitergemacht.

Gesundheit ist für 99 Prozent aller Leute eine Entscheidung.

Wer gesund ist, für seinen Körper und sein Wohlbefinden sorgt, kann mit vielem umgehen. Sei es ein Auffahrunfall, der auch tödlich verlaufen könnte, sei es, dass das Immunsystem gegen Viren und Bakterien gewappnet ist oder dass man dazu in der Lage ist, vor Räubern in einer dunklen Gasse zu flüchten. Wer fit, gestärkt und gesund ist, erhöht in jeglicher Hinsicht seine Lebensdauer und -qualität. Wer seinen Körper hingegen schändet, sich zu wenig bewegt und seine Muskeln nicht stärkt, der richtet sich selbst zu Tode. Dafür bedarf es nicht einmal eines Unfalls, Überfalls oder Virus. Allein die Jahrzehnte, die man sich selbst an Lebenserwartung nimmt, sind vernichtend. Es gibt keinerlei Grund, nicht für seinen Körper und seine Gesundheit zu sorgen. Denn die Zeit und Energie, die du aufwendest, bekommst du mit riesigen Dividenden im Laufe deines Lebens wieder ausgeschüttet. Wer für seine Gesundheit sorgt, kann *grenzenlos* werden. Wer lieber übergewichtig, träge oder ungesund sein will, grenzt sich ein. Dies ist eine Entscheidung, kein Schicksal.

Egal wie alt du bist, wie ungesund, unbeweglich oder schwach: Du kannst dich heute entscheiden, gesund und fit zu werden. Das Einzige, dessen es bedarf, ist anzufangen und nie wieder aufzuhören. Fitness ist ein Lifestyle, kein einmaliges Event. Bewege dich jeden Tag! Mein Physiotherapeut hat mir einmal erzählt, dass unsere Vorfahren angeblich täglich im Durchschnitt vierzig Kilometer gelaufen sind, heute bewegen wir uns im Schnitt nur achthundert Meter am Tag. Damals gab es kaum Übergewicht, Herzkrankheiten, Bluthochdruck und all die anderen Zivilisationskrankheiten, von denen heutzutage ein Großteil der Menschheit betroffen ist. Heute sitzen wir den ganzen Tag rum und wundern uns, dass wir Beschwerden haben. Es gibt nichts zu wundern, es gilt einfach nur, den eigenen Lifestyle entsprechend umzustellen. Sorge dafür, dass du dich gesund ernährst und dich täglich mindestens eine Stunde aktiv bewegst. Was du machst, ist erst mal egal, fahre Fahrrad, mache Yoga, geh in den Sportverein, ins Fitnessstudio oder tanze durch die Wohnung. Du kannst auch jeden Tag etwas anderes machen. Hauptsache, du bewegst dich, dein Puls geht dabei hoch und du kommst ins Schwitzen. Das ist der erste und wichtigste Schritt: Dafür zu sorgen, dass du nicht ungesund lebst.

Der nächste Schritt ist, nun dafür zu sorgen, dass du nie wieder krank wirst, soweit du es beeinflussen kannst. Denn Bewegung, Muskeltraining und gesunde Ernährung sind nur der Einstieg in ein gesundes Leben. Natürlich bin ich kein Gesundheitsexperte, daher kann ich dir nur meine persönlichen Erfahrungen schildern. Immer wieder hatte ich gesundheitliche Probleme. Mein Magen spielte nicht mit, mein Darm war außer Kontrolle, ich habe alle möglichen Ernährungsformen ausprobiert und alles gehört und gelesen, um diese körperlichen Symptome loszuwerden. So erfuhr ich, dass die offensichtlichen Dinge wie Training und Ernährung nicht alles, sondern viel mehr nur der Einstieg in ein gesundes Leben sind. Um nie wieder krank zu sein, gehört noch etwas mehr dazu:

1. *Finde die optimale Ernährung für dich.* Dabei geht es nicht darum, dass du eine bestimmte Ernährungsform wählst. Es gibt heutzutage viele Trends und Modeerscheinungen. Sei es Paleo, vegan, karnivor, vegetarisch, pescetarisch, mediterran oder was auch immer. Alles davon kann richtig sein, alles davon kann falsch sein. Es gibt nicht die eine perfekte Ernährung. Wichtig ist, dass du möglichst viele Pflanzen isst, möglichst viel Unverarbeitetes, möglichst Bio. Alles andere musst du für dich selbst herausfinden. Manche brauchen Fleisch, andere brauchen es nicht. Manche benötigen viele Kohlenhydrate, andere nicht. Manche haben Unverträglichkeiten, andere nicht. Niemand kann herausfinden, welche Ernährung für dich die beste ist, außer du selbst. Achte auf dein Bauchgefühl beim Einkaufen, deine körperlichen Reaktionen nach dem Essen, dein Energielevel und deine Schlafqualität. Die einzigen Grundregeln sollten sein: Nichts, was mehr als fünf Zutaten hat, denn dann

kannst du davon ausgehen, dass es zu sehr verarbeitet ist. Nichts, was nicht verderben kann, denn dann ist es nicht mehr natürlich. Nichts, was deine Urgroßeltern nicht auch schon gegessen haben, denn sonst ist es vermutlich ein Industrieprodukt mit Inhalten, die dir nicht guttun. Wenn du diese drei Regeln einhältst, kannst du wenig falsch machen.

2. *Meide Chemikalien!* Nichts Chemisches essen, nichts, was Fremdwörter auf der Zutatenliste hat, nichts, was in Plastik eingepackt ist. Alles, was in Plastik verpackt ist oder Pestiziden, Fungiziden oder anderen Chemikalien ausgesetzt war, gilt es zu meiden. Die Chemikalien machen uns unfruchtbar, krank und übergewichtig. Das sagt zumindest die wissenschaftliche Forschung. Dies gilt nicht nur für dein Essen, sondern auch für Plastikflaschen, Kleidung aus Kunststoffen und Kosmetikprodukte, die nicht aus natürlichen Stoffen hergestellt sind. Ich weiß, es ist schwer, darauf komplett zu verzichten. Auch für mich. Deshalb: Fang klein an, mach dir durch diese Regeln nicht zusätzlich Stress – denn Stress tötet, wie wir bereits beleuchtet haben.

3. *Hol dir genug Schlaf!* Beim Schlaf ist es ähnlich wie bei der Ernährung – nur du kannst für dich herausfinden, wie viel du brauchst. Manchen reichen sechs Stunden, andere benötigen zwölf. Viele High-Performer schlafen sehr lange – Basketballikone LeBron James und Formel-1-Profi Lewis Hamilton gehören beide zu denjenigen, die sich nächtlich zwölf Stunden gönnen. Dies hat einen guten Grund: Fast alle körperlichen Heilungsprozesse finden nachts statt und auch Muskeln, Fasern und Knochen werden nachts repariert, gestärkt und erneuert. Aber nicht nur für Menschen, die sich körperlichen Strapazen aussetzen, ist Schlaf essenziell. Auch für sämtliche geistigen und kognitiven Prozesse ist Schlaf wichtig. So verarbeiten wir Dinge über Nacht, das Ge-

hirn speichert Gelerntes ab und wir bauen Stress, Ängste und andere emotionale Herausforderungen ab. Wer nicht genug schläft, kann nicht gesund sein. Für die meisten Menschen sind laut der Schlafforschung acht bis neun Stunden nächtlichen Schlafes optimal.

4. *Stehe morgens bewusst auf!* Schaue dabei, wie es dir geht. Dein Körper kommuniziert mit dir, wenn du ihm zuhörst. Die meisten Menschen hören jedoch nicht auf die Signale des Körpers. Bist du ausgeschlafen? Wie geht es deinen Muskeln und Gelenken? Bist du geistig klar? Hast du Energie? Wie geht es deiner Verdauung? Wenn du Symptome früh erkennst, kannst du auch früh entgegenwirken. Es gibt keinen Grund, zu warten, bis eine Beschwerde oder Krankheit voll ausgebrochen ist. Vielem kannst du stattdessen vorbeugen, indem du einfach auf deinen Körper hörst.

5. *Trinke Wasser!* Viel Wasser! Bedenke, dass dein Körper zu ungefähr siebzig Prozent aus Wasser besteht. Nach Sauerstoff ist es das Wichtigste, was dein Körper zum Leben braucht. Verhalte dich entsprechend. Alles andere, was trinkbar ist, sind höchstens flüssige Snacks. Meide besonders zuckerhaltige Getränke wie Limonaden, Säfte und gezuckerten Kaffee oder Tee. Denn unnötig viel Zucker macht dich nicht nur dick und ungesund, Zucker in Getränken beeinträchtigt zudem dein Herz-Kreislauf-System. Wenn du Gummibärchen oder Schokolade isst, dann ist das zwar auch nicht gesund für dich, der Zucker muss aber zumindest erst mal verdaut werden und wird dann von deinem System nach und nach in den Blutkreislauf gelassen. Bei flüssigem Zucker, also Saft, Limonade usw., geht der Zucker extrem schnell in deine Blutlaufbahn und lässt deinen Blutzuckerspiegel kurzfristig extrem in die Höhe schnellen. Das hat einerseits ungute Auswirkungen auf dein Herz, lässt dich aber zudem schneller dick werden. Denn nach dem Blutzu-

ckerhöhenflug kommt der bekannte Crash – um dann nicht müde zu werden, brauchen wir noch mehr Zuckerwasser. Wenn wir es uns also zur Gewohnheit machen, flüssige Kalorien zu uns zu nehmen, kommen schnell Pfunde auf die Waage, die wir einfach hätten vermeiden können. Mache es dir also lieber gleich zur Gewohnheit, deine Flüssigkeitszufuhr über Wasser zu regeln.

6. *Kein Alkohol, kein Nikotin!* Ich denke, das erklärt sich von selbst. Alkohol ist ein Nervengift. Nikotin ist ein Nervengift. Beide haben keinerlei Vorteile und ein hohes Suchtpotenzial. Wenn du nun argumentierst, dass doch aber das »High« ein Vorteil sei, dann muss ich dir widersprechen, denn Alkohol und Nikotin machen nicht high, sondern betäuben lediglich. Was dich jedoch high macht und das auf natürliche Weise, ist deine Potenzialentfaltung. Alkohol und Grenzenlosigkeit schließen sich gegenseitig aus.

7. *Tägliche Bewegung!* Diesen Punkt haben wir eingangs bereits besprochen.

8. *Schaue auf deine mentale Gesundheit!* Das kann für jeden etwas anderes sein: Meditation, Yoga, Atemübungen, ein Waldspaziergang, Angeln, Golfen, einen Pullover stricken. Egal was du machst, es ist wichtig, dass du dir täglich mindestens zwanzig bis dreißig Minuten, besser eine Stunde oder mehr, dafür Zeit nimmst, geistig völlig abzuschalten. Kein Handy, kein Bildschirm, kein Gespräch, keine Ablenkung. Einfach nur sein. Bevor du dies abtust und dir selbst einredest, dass du dafür keine Zeit hast: Bedenke, dass dies nicht nur deine Gesundheit und dein Wohlbefinden fördert, sondern dir auch Stunden, Tage und Jahre deines Lebens an Umwegen spart, indem du deinem Unterbewusstsein die Möglichkeit gibst, mit deinem Bewusstsein zu kommunizieren.

9. *Kultiviere erfüllende Beziehungen!* Wir Menschen sind soziale Wesen. Ohne Menschen, mit denen wir uns aus-

tauschen können, lachen, weinen, Momente teilen, kuscheln, Sex haben, einander berühren, einander in die Augen sehen und Gedanken austauschen können, ist das Leben nur halb so lebenswert. Es gilt als erwiesen, dass gute Beziehungen sowohl unsere geistige, emotionale als auch unsere körperliche Gesundheit fördern. Wie viel oder wenig Kontakt du brauchst, ist wieder eine völlig individuelle Sache. Wer introvertiert ist, braucht mehr Zeit für sich, wer extrovertiert ist, benötigt mehr Zeit mit anderen. So oder so, sorge dafür, dass du deine Beziehungen nach deinen Bedürfnissen pflegst, kultivierst und ausbaust.

10. *Mach dir keinen Stress!* Dies ist allgemein wichtig, denn Stress tötet. Wortwörtlich. Je mehr Stress du hast, desto mehr senkst du deine Lebenserwartung und -qualität. Dein Immunsystem leidet, deine Aufmerksamkeit leidet, dein Wohlbefinden leidet. Unkontrollierter Stress hat absolut keinen Vorteil – außer du bist gerade in Lebensgefahr und der Stress sorgt dafür, dass du dich retten kannst. Aber auch spezifisch auf dieses Thema angewandt, ist es wichtig, dir keinen Stress zu machen. Wir leben in einer Kultur, in der die meisten Menschen sich entweder überhaupt keine Gedanken über ihre Gesundheit machen oder sich in Bezug auf dieses Thema völlig selbst stressen. Auch das führt nicht zu den gewünschten Ergebnissen. Denn wenn du jetzt anfängst, jede Kalorie zu zählen, mehr Sport zu machen, als deinem Körper guttut, und du dir ständig über Ernährung und Schlaf den Kopf zerbrichst, dann geht alles eher nach hinten los. Es dreht sich schließlich nicht darum, dass du dich wegen deiner Gesundheit stresst, sondern dass du deine Lebenserwartung und deine Lebensqualität erhöhst. Für beides ist Stress enorm kontraproduktiv. Mache dir also so viele Gedanken wie nötig über deine Gesundheit, deine Ernährung und deinen Lebensstil – aber eben auch nicht mehr.

Wenn du diese zehn Punkte einhältst, dann steht deiner Gesundheit, Vitalität und einem langen Leben nichts mehr im Wege. Stelle allerdings sicher, dass du bei gesundheitlichen Maßnahmen immer zuerst einen Arzt oder entsprechend ausgebildeten Profi zu Rate ziehst. Ich bin kein Doktor, sondern teile an dieser Stelle einfach nur mit dir, was ich über Gesundheit gelernt habe und was für mich selbst und die Menschen um mich herum funktioniert hat. Es ist auch wichtig, dass du dich nicht unter Druck setzen lässt. Jeder hat seine eigenen Voraussetzungen, seinen eigenen Startpunkt und seine eigene Reise. Egal wie dein Körper beschaffen ist, egal wie jung oder alt du bist, ich möchte, dass du weißt, dass du wunderbar bist, so wie du bist. Nun kannst du dir überlegen, wie du gesünder, fitter und vitaler sein kannst. Dann fängst du in deinem Rahmen an. Lieber klein als gar nicht. Schritt für Schritt wirst du jeden Tag besser. Das ist das Einzige, worauf es ankommt. Orientiere dich nicht an anderen. Orientiere dich nur daran, dass du heute einen Schritt in die richtige Richtung gemacht hast und damit eine noch bessere Version deiner selbst bist, als du es gestern schon warst.

grenzenlos!

Jeder von uns ist anders, aber dein positives Selbstverständnis und die Fürsorge für dich selbst bilden die Basis für ein grenzenloses Leben.

Warum wir in Wirklichkeit gar nicht glücklich sein wollen

Alle Sicherungen sind durchgebrannt. Ich rannte dem Fahrradfahrer hinterher und war bereit, ihn zu vernichten. Alles lief ab wie im Film und ich war wie fremdgesteuert. Nachdem ich ihm mehrere Minuten lang durch die Straßen Londons hinterhergelaufen war, gab ich auf und schnappte nach Luft. Glücklicherweise hat er ein E-Bike gehabt, so konnte er mir entkommen. Zuvor stand ich entspannt mit einem Freund mitten in London vor einer Bar und las gerade eine Nachricht auf meinem Telefon. Plötzlich schlug mir jemand im Vorbeifahren das iPhone aus der Hand. Erst beim Aufheben realisierte ich, dass er es mir eigentlich hatte klauen wollen. Ein Handydieb, der mit einem geliehenen E-Bike durch die Straßen fuhr und Leuten ihre Mobiltelefone entriss. Doch warum ist bei mir eine Sicherung durchgebrannt? Natürlich ist es nicht schön, wenn man beklaut wird, aber das war nicht der Grund. In dem Moment, als ich die böse Absicht des Täters realisierte, wurde bei mir etwas getriggert. Ein Kindheitstrauma. Im Alter von sieben oder acht Jahren hatte ich eine Sammlung von Pokémon-Karten, die ich jeden Tag mit zur Schule nahm, um sie stolz meinen Freunden zeigen zu können und mit Mitschülern auf dem Pausenhof Karten zu tauschen. Eines Tages kam ein etwas älteres Nachbarskind auf mich zu und fragte mich, ob es meine Karten sehen durfte. Stolz zeigte ich ihm meine Karten. Anstatt sie jedoch zu bewundern, schlug das Mädchen mir den Stapel Karten aus meiner Hand, griff so viele, wie sie spontan umklammern konnte, und rannte davon. Ein Erlebnis, das mich zutiefst schockiert hat. Es war ein Moment, der mir einen Teil meiner frühkindlichen Naivität genommen hat und mir zeigte, dass nicht alle Menschen gutwillig zueinander sind. Diese Enttäuschung, diese Wunde, diese Wut darauf, dass jemand einem einfach so grundlos Böses tut, wurden im Moment des Handydiebstahls wieder getriggert. Alles kam hoch, ich sah rot und war bereit, jemand anderem körperlichem Schaden zuzufügen – so aufgebracht war ich. Glücklicherweise für uns beide habe ich ihn nicht erwischt.

Wir alle kennen diese Momente, wo durch eine Handlung eines anderen Menschen eine alte Wunde in uns aufgerissen wird und wir völlig impulsiv handeln. Nicht jeder dreht gleich völlig am Rad, wie ich es getan habe, manch einer wählt passivere Strategien, sei es ein bissiger Satz gegenüber dem Partner, ein Frustessen oder das Verfolgen von impulsiven Ablenkungsmanövern in Form von Alkohol, Medienkonsum, Glücksspiel oder Drogen. Das Ergebnis ist jedoch immer das gleiche:

Wir leiden unter unseren eigenen impulsiven Reaktionen.

Dabei ist es völlig egal, ob jemand anders sich falsch verhalten hat, wie in meiner Situation mit dem Handyräuber, oder ob wir uns ohne Fehlverhalten eines anderen plötzlich in emotionalen Turbulenzen befinden. Wenn wir impulsiv handeln, tun wir meist Dinge, die wir später bereuen und leiden noch mehr, als wir es ohnehin schon tun. Anstatt die

Wunde des alten Traumas zu heilen, streuen wir Salz hinein, indem wir neues Leid hinzufügen. Wir suhlen uns in unserem Leid und genießen es auch noch. Schließlich haben wir gute Gründe für unsere impulsiven Reaktionen. Selbstverständlich ist es mein Recht, mich gegen einen Räuber zu verteidigen. Aber hätte ich mich hinterher wirklich besser gefühlt, wenn ich ihn erwischt und verdroschen hätte? Fühlt sich derjenige nachhaltig besser, der aus Frust oder Verzweiflung den ganzen Becher Eis auf einmal isst? Fühlt sich diejenige tatsächlich besser, die einen Streit mit dem Partner vom Zaun bricht? Natürlich nicht. In solchen Momenten wollen wir uns ablenken. Ein Schmerz wird ausgelöst, weil es irgendwann ein Trauma gab und anstatt uns diesem Schmerz zu stellen, lenken wir unsere Aufmerksamkeit ins Äußere und fügen uns mit einer Überreaktion noch mehr Schmerz zu. Auge um Auge, nur dass beide Augen, die geprügelt werden, unsere eigenen sind.

Später konnte ich den eigentlichen Auslöser dieses Schmerzes erkennen und das Trauma auflösen. Ein Trauma wird jedoch niemals aufgelöst, indem wir uns ablenken und womöglich gar noch mehr Schmerz hinzufügen, es wird aufgelöst, indem wir es ansehen. Irgendeine Emotion ist da, die gefühlt werden will oder ein Glaubenssatz, der geändert werden will. Erst wenn wir diesen Auslöser des Schmerzes genau betrachten, können wir ihn auch loslassen.

Hier kommen wir nun jedoch zu dem großen Dilemma: Die meisten Menschen wollen lieber leiden. Sie wollen nicht wirklich glücklich sein. Sie halten lieber an dem Trauma fest, als es aufzulösen. Dies hat zwei Gründe. Der erste Grund ist, dass es schmerzhaft ist, ein Trauma anzusehen. Man muss möglicherweise einmal durch den Schmerz durch, bevor er sich komplett auflöst. Das ist ein wenig wie das Herausziehen eines Holzsplitters oder das Abnehmen eines Pflasters. Es tut kurzzeitig mehr weh, aber dann kann die Wunde gänzlich verheilen und ist in Kürze wieder vergessen. Wenn wir den Splitter jedoch drin lassen oder das Pflaster nicht abnehmen, dann vermeiden wir zwar kurzfristig ein unangenehmes Zwicken, schnell wird das Ganze jedoch wesentlich unangenehmer, da die Wunde nun nicht verheilen kann und sich stattdessen entzündet. Schlimmstenfalls breitet sich die Entzündung gar auf andere Körperteile aus und alles wird noch viel unangenehmer, als es ohnehin schon war. Genauso wie das bei körperlichen Wunden passiert, die wir nicht vollständig verheilen lassen, passiert es auch bei inneren Wunden. Diese können von schwerwiegenden traumatischen Erlebnissen wie Unfällen, Missbrauch, Gewalt, Krieg oder anderen Extremsituationen abstammen. Ebenso können sie aber auch bei vergleichsweise »harmlosen« Dingen entstehen wie Mobbing, zwischenmenschlicher Kälte in Beziehungen, Trennung, Betrug, Enttäuschung, Ungerechtigkeit, Eifersucht, einem Mangel an Liebe oder anderen Situationen, die uns entweder einen Schrecken einjagen oder uns das Gefühl von Sicherheit und Geborgenheit nehmen.

Viele Menschen denken, dass unter Traumata nur Menschen leiden, die Extremsituationen überstehen müssten und sie denken daher, sie selbst seien nicht betroffen – daher schauen sie lieber weg, als sich ihren Themen zu stellen. Wir alle haben Triggerpunkte und wenn wir diese nicht anschauen, werden sie größer und schränken uns immer weiter ein – wie eine entzündete Wunde, die nicht behandelt wird. Dieser erste Grund ist Unwissen zuzuschreiben, da die meisten Menschen gar nicht wissen, dass sie unter Traumata leiden.

Wer nicht weiß, dass sein Leben viel glücklicher und erfüllter sein könnte, sucht sich auch keine Hilfe für sein Problem.

Der zweite Grund, warum Menschen lieber an ihrem Unglück festhalten, ist hingegen völlig selbstverschuldet: Viele Menschen identifizieren sich lieber mit ihrer Opferrolle, anstatt sich daraus zu lösen. Wer ein Grund zum Leiden hat, findet immer jemanden, der einem Mitleid schenkt. Zudem findet sich stets ein anderer, dem man die Schuld geben kann. Und wir Deutschen lieben es, anderen die Schuld zuzuschieben. Die Politik ist schuld, die Wirtschaftslage ist schuld, die Pandemie ist schuld, der Klimawandel ist schuld, Donald Trump ist schuld. Irgendein Sündenbock wird gefunden, denn irgendjemand ist stets schuld, nur eben nicht wir selbst. Allerdings ist das natürlich völliger Schwachsinn, denn wir sind natürlich an allen unseren Lebensumständen selbst schuld: Wir bestimmen als Bürger unser politisches System, wir sind allein verantwortlich für unsere persönliche Wirtschaftslage, wir sind zwar nicht schuld an der Pandemie, aber sehr wohl mitverantwortlich für die Widerstandskraft unseres eigenen Immunsystems. Dennoch lieben wir diese Themen. Sie helfen uns, von uns selbst abzulenken, anstatt auf uns selbst und unser Inneres zu schauen.

In diesem Moment, in dem du dieses Buch liest, sind es vermutlich schon andere Themen, die in den Medien breitgetreten werden, der Mechanismus ist jedoch der gleiche: Du konsumierst sie, um deine Aufmerksamkeit von dir wegzulenken. Das Gegenteil davon solltest du jedoch tun, wenn du glücklich sein willst. Du kommst nicht umhin, dir deine Schmerzpunkte anzusehen – egal wie groß oder klein sie sein mögen. Alles andere sind nur äußere Ereignisse, die deine Aufmerksamkeit von dir selbst nehmen.

Wenn du grenzenlos werden möchtest, lenke deine Aufmerksamkeit von außen nach innen.

Dabei ist es egal, welcher äußeren Ablenkung du dich gerne hingibst: Politik, Social Media, Gaming, Pornografie, Massensportereignisse, Shopping, Tratsch, Party machen, Shopping oder was auch immer. Der Mechanismus ist der gleiche, denn mit jeder Form der Ablenkung von deinem Innenleben, hältst du dich von der Grenzenlosigkeit ab. Wie aber willst du *grenzenlos* werden, wie willst du dein volles Potenzial entfalten, wenn du dich selbst sabotierst? Wie willst du das Leben deiner Träume kreieren, wenn du nur auf alles um dich herumschaust, aber nie auf dich selbst? Nie auf deine Bedürfnisse, nie auf deine Gefühle, nie auf deine Träume?

Du musst es nicht mal alleine machen. Hol dir Hilfe! Einen Therapeuten, wenn du stark traumatisiert bist, oder einen Coach, wenn du in die Potenzialentfaltung gehen und dein Leben proaktiv gestalten möchtest. Dies ist genau der Grund, warum ich angefangen habe zu coachen. Ich möchte Menschen dabei helfen, ihre Träume zu verwirklichen und ein glückliches, unbeschwertes Leben voller Leichtigkeit zu führen. Viele Menschen schaffen diesen Schritt nur mit einem Coach oder Mentor an ihrer Seite. Du kannst dir Hilfe holen – das ist okay, auch wenn es in der deutschen Kultur nicht gang und gäbe ist, sich helfen zu lassen. High-Performer suchen sich immer Hilfe. Es gibt keinen großartigen Sportler ohne Coaches – Gleiches gilt für High-Performer in allen anderen Bereichen. Wer groß hinaus will, braucht einen Coach. Vielleicht willst du aber auch gar nicht groß hinaus, sondern einfach nur glücklich, unbeschwert und voller Leichtigkeit leben – ohne alte Wunden und unnützen Ballast. Dann sorge einfach mit der Hilfe eines Coaches dafür, dass du die alten Wunden heilst.

Es ist okay, Hilfe anzunehmen. Höre auf, dich abzulenken und lenke deinen Fokus auf dich. Erlaube dir, bisher unterdrückte Emotionen auszuleben, zu fühlen, sie rauszulassen. Vielleicht kommen dabei Tränen, vielleicht sogar viele, vielleicht musst du ein Kissen verprügeln oder die Wand anbrüllen, vielleicht musst du spöttisch lachen oder intensiven Hass empfinden. Was auch immer die ungelebten Emotionen sind, die rauswollen, lasse sie raus! Entscheide dich, dies in einer kontrollierten Umgebung zu tun, wo du weder dir noch anderen damit schadest. Denn rauskommen werden sie irgendwann – sorge also lieber dafür, dass du es auf die »angenehme« Art und Weise bei dir zu Hause oder in einem anderen geschützten Rahmen machst und nicht wie ich im Zuge eines Wutanfalls in den Straßen von London.

Nachdem ich die Situation in London erlebt hatte, habe ich mir viel Rat und Hilfe geholt und systematisch alles an unverarbeiteten Emotionen aufgearbeitet. Ich habe gelernt, meine Angst vor Zurückweisung abzulegen, meinen Eltern zu verzeihen, nicht mehr fremdgesteuert zu sein, mich verletzlich zu zeigen, Sex nicht länger als Bestätigung wahrzunehmen, mein Misstrauen gegenüber der Welt aufzugeben und einiges mehr. Das hat nicht nur dazu geführt, dass ich heute keine unüberlegten, impulsiven Entscheidungen mehr treffe, die ich vielleicht später bereuen könnte. Sondern es hat auch dazu geführt, dass ich insgesamt ein viel glücklicheres, erfüllteres und leichteres Leben habe. Denn wenn all diese emotionalen Schmerzpunkte nicht mehr auf einen wirken, einem nicht mehr tagtäglich Energie rauben, einen nicht mehr triggern, dann fühlt es sich an, als sei man ein neuer Mensch. Wie nach der Genesung bei einer langwierigen Krankheit oder der Heilung einer Verletzung, nachdem man diesen Energieräuber los ist, fühlt man sich plötzlich vital, lebensfroh und dankbar.

Es ist, als ob du einen Rucksack voller Steine ablegst, den du bisher fast deinen kompletten Lebensweg mit dir herumgeschleppt hast – denn die meisten Traumata kommen aus der frühen Kindheit. Manchmal sind es Situationen, an die wir uns erinnern, wie bei mir mit den Pokémon-Karten. Häufig sind es jedoch auch Geschehnisse, die sich lange vor jenen ereigneten, an die wir uns erinnern können. Wenn etwa die Mama unser Schreien nicht gehört hat oder die Eltern sich gestritten haben, während wir daneben in der Wiege lagen. Weder wir noch unsere Eltern erinnern sich an diese »harmlosen« Momente. Doch für uns als Säugling wirkten sie lebensbedrohlich und haben daher eine emotionale Wunde hinterlassen, die für uns im Laufe unseres Lebens völlig normal geworden ist. Schließlich kennen wir es nicht anders. Später wundern wir uns dann, warum uns immer wieder die »gleichen« unbequemen Dinge im Leben passieren und ungewollte Situationen sich zu wiederholen scheinen. Schon wieder die toxische Beziehung. Schon wieder ein paar Pfunde zugelegt. Schon wieder der Streit mit einer geliebten Person. Schon wieder Stress. Schon wieder ein Wutanfall im Straßenverkehr. Was auch die wiederkehrenden Muster in unserem Leben sind, die meisten von uns akzeptieren sie lieber, statt die Ursachen zu beheben. Sie sagen etwas wie »So bin ich halt«, anstatt zu erkennen, dass diese Muster und Verhaltensweisen nicht »normal« sind, sondern nur auftreten, weil eine nicht verheilte emotionale Wunde immer wieder aufplatzt und wir dann die Schmerzen an unserem Umfeld auslassen, das genauso wenig dafür kann wie wir selbst. Wir werden vom Opfer zum Täter und halten beides für normal.

Sei weder Opfer noch Täter, sondern nimm dein Leben in die Hand und entscheide dich, glücklich zu sein.

Das ist weder in einer Opferrolle noch in einer Täterrolle möglich und auch nicht, wenn du dich mit allen möglichen äußeren Dingen ablenkst.

Eines Tages kam ein Klient zu mir, der beklagte, dass er eine unbändige Wut in sich trug. In Situationen, die man durchaus diplomatisch lösen könnte, ging er grundsätzlich mit dem Kopf durch die Wand. »Dahinter steht eine unverarbeitete Situation, die wir auflösen müssen«, meinte ich zu ihm. Später stellte sich heraus, dass eine Autoritätsperson, genauer gesagt sein erster Lehrer, ihn in seiner Kindheit falsch und unfair behandelt hatte. So hatten sich gewisse Glaubenssätze gebildet, die dafür sorgten, dass er immer wieder in den Gefühlszustand von damals versetzt wurde, der in ihm unbändige Wut entfachte. Nachdem wir das gemeinsam verarbeiten konnten, berichtete er mir eine Woche später von einem Konflikt, an der Schlange eines Supermarktes. Jemand drängelte sich vor und er blieb gelassen. Das hätte er vor unserer Session niemals über sich ergehen lassen. Etwas war anders. Diese unbändige Wut war weg. Er berichtet mir heute noch von neuen Situationen, die er plötzlich wutlos bewältigen kann – ein ganz neues Lebensgefühl für ihn.

Warte nicht, du hast deine Wunden, Schmerzpunkte und unverarbeiteten Emotionen schon lange genug mit dir herumgetragen. Je früher du sie los bist, desto früher kannst du anfangen, dein Potenzial zu entfalten und *grenzenlos* werden. Solange du sie hast, ist es wie ein Gewicht, das dich immer wieder hinunterzieht. Egal wie intensiv du versuchst zu wachsen, über einen bestimmten Punkt kommst du nicht hinaus, solange du dich an alten Wunden festklammerst.

grenzenlos!

Dein Schmerz setzt dir Grenzen.
Aber du darfst ihn sehen – und loslassen!

Der Weg der Erkenntnis

Wenn du die ganze Selbstsabotage hinter dir gelassen hast, kommst du irgendwann wie automatisch auf den Weg der Erkenntnis. Als ich ungefähr siebzehn oder achtzehn war, habe ich meine Mutter mal gefragt: »Warum werden mit dreißig eigentlich alle spirituell?« Heute lese ich Eckhart Tolle, Osho und John Strelecky, die alle auf ihre Weise spirituell sind und Menschen dabei helfen, ihren individuellen Weg der Erkenntnis zu finden. Obgleich ich damals den Kopf über mich selbst geschüttelt hätte, es fühlt sich gut an und ich wünschte mir, dass ich damals schon offen für diese Themen gewesen wäre.

Würde ich mich als spirituell bezeichnen? Spielt so ein Label überhaupt eine Rolle? Definitiv nicht. Was ich jedoch erkennen durfte, ist, dass man, sofern man den Kampf und die Traumata hinter sich lässt, automatisch auf diesen Weg kommt. Es geht gar nicht anders, als sich grundlegende Fragen zu stellen, und das ist auch gut so, denn diese Fragen führen einen auf dem eigenen Lebensweg immer näher ans Ziel. Wenn der ganze Ballast wegfällt, erkennst du automatisch, dass du dein eigener Schöpfer bist.

Du hast dein Leben in der Hand und kannst erschaffen, was auch immer du willst. Was auch immer deine Definition von Erfolg ist, was auch immer deine Definition von Lebensfreude, Erfüllung und einem Leben voller Leichtigkeit ist. Was auch immer für dich Grenzenlosigkeit konkret bedeutet. Sobald du den Rucksack voller Steine abgelegt hast und mit dir, deinen Emotionen und deinem Innenleben im Einklang bist, kannst du wieder nach außen schauen. Dann liegt dir die Welt zu Füßen und du kannst deinen Weg unbeschwert gehen, wo er dich auch hinführen soll.

Natürlich ist jeder Weg gepflastert mit Niederschlägen, Rückschlägen und Schmerz, das alles ist Teil des Lebens und völlig unvermeidbar. Doch diese kleinen Baustellen, Geschwindigkeitsbegrenzungen und Straßensperren auf dem Weg deines Lebens stören dich plötzlich nicht mehr, wenn du deinen Sack voller Steine nicht mehr auf dem Rücken trägst. Du akzeptierst, dass auch Straßen, Schäden und Staus Teil eines jeden Weges sind und machst das Beste daraus. Vielleicht fährst du mal einen Umweg, machst zwischendurch Rast oder kommst an einem Zwischenziel später an als erwartet. Doch plötzlich stört dich das alles nicht mehr. Du fühlst dich trotzdem leicht und erfüllt und du weißt, dass du auf dem richtigen Weg bist. Das ist alles, was zählt.

Plötzlich kannst du dein Leben aus der Vogelperspektive betrachten und siehst, was für ein geiler Film dein Leben eigentlich ist.

Dann erkennst du Szenen, die dich nicht so richtig packen, und realisierst gleichzeitig, dass du sie ja einfach ändern kannst. Schließlich bist du der Regisseur dieses genialen Films. Vielleicht braucht dein Film mehr Action, mehr Romantik, mehr Humor oder mehr Abenteuer? Völlig egal, was es ist, du kannst dafür sorgen, dass schon die nächste Szene all das enthält. Schließlich bist du Regisseur, die Drehbuchautorin und die Hauptdarstellerin und der Star zugleich. Vielleicht muss auch einer der Nebendarsteller ausgetauscht werden oder die Kulisse gewechselt werden oder die Kostüme? Alles ganz easy. Du hast schließlich das komplette

Skript in der Hand und kannst es jederzeit anpassen. Selbst den Soundtrack. Dir fehlt Budget für eine bestimmte Szene? Kein Problem, mach es, wie George Lucas es mit Star Wars getan hat. Hebe die Szenen, für die bisher noch die finanziellen oder technischen Mittel fehlen, für später auf und verfilme erst mal all das, was schon realisierbar ist. Dann kreiere eine Szene, in der du dein zur Verfügung stehendes Budget erhöhst – auch das kann schließlich Teil deines Skripts sein.

Dein Leben ist dein Film. Es ist dein Spiel. Spiele es und habe Spaß! Du kannst sogar entscheiden, ob du es ernst nimmst, oder einfach nur ein wenig rumdaddelst. Auch das ist deine Entscheidung. Auch das ist ein Weg. Sogar die Loser-Komödie ist eine Art von Film. Doch sei dir darüber bewusst, dass der Spieler, der am diszipliniertesten trainiert und spielt, das Spiel gewinnt.

grenzenlos!

Du bist mittendrin im Film deines Lebens. Hast du nur eine Nebenrolle oder bist du bereits Hauptdarsteller, Produzentin und Regisseur?

Das Phänomen Liebe,
Wahrheit und Schönheit

Egal wie du den Film deines Lebens nun gestaltest, gestalte ihn! Sei nicht eine von diesen trostlosen Seelen, an denen das Leben einfach nur so vorbeizieht. Sei nicht einer von diesen Menschen, dessen Lebensfilm ein Horrorfilm wird, einfach nur, weil er die Regie nicht in die Hand genommen und das Drehbuch nicht umgeschrieben hat. Gestalte stattdessen dein Leben aktiv, spiele das Spiel, so gut du kannst, und werde so jeden Tag ein wenig besser. Mach aus dem Drehbuch deines Lebens einen Film, der genau deinen Vorstellungen entspricht. Mit den Charakteren deiner Wahl, den Kostümen deiner Wahl, der Kulisse deiner Wahl und der Stimmung deiner Wahl. Dann übernimm die Regie und die Hauptrolle, sodass du auch dafür sorgen kannst, dass die Produktion nicht in die falsche Richtung läuft und alles aus dem Ruder gerät.

Nun stellt sich offensichtlich die Frage: Woher weiß ich, ob ich auf dem richtigen Weg bin? Woher weiß ich, dass hier mein Spielfeld ist? Woran erkenne ich das perfekte Set, die optimalen Mitspielerinnen und die richtige Umgebung für meinen Film? Dies sind Fragen, deren Antworten zunächst schwierig erscheinen. Manche Menschen zerbrechen sich ein Leben lang den Kopf über diese Dinge und ärgern sich dann auf dem Sterbebett, dass sie immer nur Beobachter waren und aufgrund des ewigen Zögerns nie angefangen haben zu spielen. Sie realisieren plötzlich, dass sie die ganze Zeit nur damit beschäftigt waren, das perfekte Set zu finden und vor lauter Suche nie dazu gekommen sind, ihren Film zu drehen. Dabei sind diese Fragen sehr leicht zu beantworten: Du achtest einfach auf deine Intuition und dein Bauchgefühl. Diese Ratgeber liegen nie falsch. Und wenn deren Signale nicht klar bei dir ankommen, hast du folgende Möglichkeit:

Folge drei Wegweisern:
Der Wahrheit. Der Liebe. Der Schönheit.

Wenn deine drei Wegweisern identifiziert hast und sie erfüllt sind, dann liegst du richtig. Du spürst es sofort. Egal ob es sich um Menschen, Aktivitäten, Orte, eine Energie oder eine Stimmung handelt. Wenn diese drei Bedingungen gegeben sind, fühlt sich alles richtig an. Ich habe einen Freund, der zwar nicht konkret an dieses Prinzip denkt, aber trotzdem danach lebt. Ihm ist die Wahrheit heilig. Deshalb kann ein Gespräch mit ihm auch mal unangenehm sein. Denn die Wahrheit möchte ausgesprochen werden. Seine Intentionen entstehen aber immer aus Liebe. So hat er ein Business aufgebaut, das Produkte produziert, die die Welt bereichern. Seine erstes Produkt war ein Stempel, der sensible Daten auf Dokumenten unkenntlich macht. Ich erinnere mich noch, wie sehr er sich Mühe gegeben hat, mit viel Liebe zum Detail, um dieses Produkt perfekt zu machen. So sah es am Ende nicht nur schön aus, sondern wurde von seinen Kunden in den Himmel gelobt. Wenn ich mir sein Leben ansehe, dann ist er die Verkörperung dieses Prinzips. Er hat einen sehr guten Freundeskreis, wird respektiert und hat alles, was er sich wünscht, weil er das, was er sich wünscht, auch anderen schenkt. Alles nur, weil er der Wahrheit treu geblieben ist, seine Intentionen aus einem Ort von Liebe entstehen, um dann ein Ergebnis entstehen zu lassen, das andere als »schön« bezeichnen würden.

Dieses Phänomen kann man nicht erklären, aber du wirst es spüren. Es ist ein Gefühl. Es hat auch nichts mit Oberflächlichkeiten zu tun. Nur weil jemand behauptet, etwas sei wahr, nur weil jemand behauptet, sie sei liebevoll, nur weil jemand behauptet, etwas sei schön, heißt es nicht, dass dies tatsächlich so ist. Selbst wenn jemand anderes es so bewertet, kann es sein, dass du es anders empfindest. Doch auch auf deine Bewertung kommt es nicht an. Es kommt auf dein Gefühl an. Fühlst du dich gut? Fühlst du dich wohl? Fühlt es sich richtig an? Dann ist es auch richtig. Wenn du es dir hingegen nur einredest, schönredest oder versuchst, dich selbst davon zu überzeugen, dann lass es lieber. Denn dann ist es nicht deins. Entweder gibt dir dein Bauchgefühl ein klares *Ja* oder es ist ein *Nein*.

Auf dem Weg deines Lebens gibt es kein »Vielleicht«, »Eventuell« oder »Irgendwann mal«.

Dafür hast du keine Zeit. Das Einzige, was zählt ist die *Wahrheit*. Entweder es ist für dich das Wahre oder eben nicht. Doch woran liegt es, dass ich behaupten kann, dass du nur auf diese drei Dinge achten musst? Warum ist es so, dass wir uns alle zu *Wahrheit, Liebe* und *Schönheit* hingezogen fühlen, ohne Ausnahme? Ist es möglich, dass diese drei Dinge eine Verbindung zueinander haben? Ich wage sogar zu behaupten, dass diese drei Dinge Synonyme voneinander sind. Synonyme, die auf verschiedenen Wegen wahrgenommen werden.

Liebe ist Schönheit ist Wahrheit.
Schönheit ist Liebe ist Wahrheit.
Wahrheit ist Schönheit ist Liebe.

Sie sind alle ein und dasselbe. Sie stehen alle für etwas, das dem Leben einer zugrunde liegen. Kannst du dir denken, was es ist? Liebe, Wahrheit und Schönheit sind Ausdrücke für unterschiedliche Bereiche des Lebens, die das Gleiche aussagen. Wir reden von Schönheit, wenn wir von einem Objekt oder einem Erscheinungsbild sprechen. Wir reden von Liebe, wenn wir die Verbindung zu einem anderem Lebewesen oder einer anderen Person spüren. Wir reden von Wahrheit, wenn etwas tatsächlich ist, wie es ist. Liebe, Wahrheit und Schönheit sind alle ein Ausdruck für *Wahrhaftigkeit*.

Liebe ist die einzige Energie, die es gibt, von der mehr entsteht, wenn man sie teilt. Wahrheit und Schönheit sind zwar keine Energien im eigentlichen Sinne – dennoch trifft auf sie das Gleiche zu: Wenn du die Wahrheit teilst, gibt es mehr Wahrheit. Wenn du die Schönheit teilst, gibt es mehr Schönheit. Dir wird die Wahrheit nicht genommen, indem du jemand anderen zur Wahrheit hinführst. Genauso wenig wird der Blume nicht die Schönheit genommen, egal wie viele Menschen ihre Schönheit betrachten. Liebe, Wahrheit und Schönheit sind ansteckend und je mehr du davon gibst, desto mehr bekommst du davon zurück.

Wenn du also in allem, was du tust, nach Wahrheit, Liebe und Schönheit strebst, dann liegst du immer richtig. Deine Intuition wird immer von diesen drei Dingen angezogen. Und das Schöne ist: Du musst dir nicht mehr den Kopf zerbrechen. Keine Pro- und Kontralisten mehr führen. Keine schlaflosen Nächte mehr durchleben. Über keine schwerwiegenden Entscheidungen mehr brüten. Du folgst einfach deiner Intuition in Richtung Wahrheit, Liebe und Schönheit. Auch wenn sich manch eine Weggabelung wie ein Umweg anfühlen wird, auf den deine Intuition dich führt, am Ende leitet deine Intuition dich immer richtig. Wenn du also *grenzenlos* werden willst, dann folge deiner Intuition. Das ist, als würdest du im Spiel deines Lebens einen Turbo freischalten, der dir dabei hilft, jedes Level in zehnfacher Geschwindigkeit oder gar noch schneller zu durchlaufen. Wie bei Mario Kart. Nur, dass es dich im echten Leben nach vorne bringt.

grenzenlos!

Liebe ist grenzenlos.
Schönheit ist grenzenlos.
Wahrheit ist grenzenlos.
Du bist im Innersten grenzenlos.

Wünsche fassen

Nun haben wir uns so intensiv damit beschäftigt, was du tun musst, um *grenzenlos* zu werden.

Wir sind darauf eingegangen, was du alles loslassen musst, um überhaupt erst mal vorankommen zu können: Brokeness, Krankheit, Stress, überflüssige Dinge und das Hamsterrad.

Wir haben geschaut, wessen es bedarf, damit du dich selbst verwirklichen kannst: kein Suchtverhalten, sondern stattdessen erfüllte Beziehungen, digitale Hygiene und die Befreiung vom Klammern an vermeintliche Sicherheit.

Das alles ist essenziell wichtig, um überhaupt starten zu können. Das sind die technischen Grundvoraussetzungen dafür, damit dein Lebensfilm überhaupt gedreht werden kann.

Doch nun kommt das wichtigste Element: dein Drehbuch. Was soll in deinem Leben passieren? Wo willst du hin? Wer soll daran teilhaben? Wer begleitet dich auf deinem Lebensweg? Was sind die Arenen, in denen dein Spiel ausgetragen werden soll? Wer sind die Zuschauer?

All das und vieles mehr sind Fragen, die es zu beantworten gilt, bevor du einen Film drehen kannst, der dir wirklich gefällt. An dem Dreh, der Regie und dem Spielen in deinem Film kommst du ohnehin nicht vorbei, also sorge dafür, dass es auch ein echt geiler Film wird. Vielleicht gewinnst du ja sogar einen Oscar – nicht, dass es auf eine Trophäe ankäme, aber dein Leben ist es wert, gelebt zu werden! Selbst wenn dein Film keinerlei Beachtung von einem größeren Publikum findet, ist das völlig egal, solange du selbst deinen Film so richtig geil findest. Wenn du dich hingegen weigerst, Drehbuch, Regie und Hauptrolle proaktiv in die Hand zu nehmen, wird dein Film wahrscheinlich ein Drama, ein Horrorfilm oder einer der langweiligsten Filme, die die Welt je gesehen hat. Willst du das dein Leben so verläuft?

Also gut, dann gilt es jetzt, dass du dein Drehbuch schreibst. Das heißt, dass du Wünsche formulierst und dir vorstellst, wie dein optimales Leben aussieht. Das Ganze nennt sich auch Vision und Visualisierung.

Deine Vision ist dein Drehbuch –
dein Skript für den Verlauf deines Lebens.

Du schreibst genau auf, was passieren soll. Im ersten Akt geht die Geschichte los, dann kommt irgendwann vielleicht etwas Romantisches hinzu, ein paar Abenteuer, etwas Comedy, vielleicht gute Sexszenen? Es liegt völlig in deiner Hand, es ist schließlich dein Film! Die Visualisierung ist dann deine Vorstellung des Ganzen. Verhalte dich wie der Regisseur, der kennt das Drehbuch, der weiß genau, was er verfilmen will, aber er weiß noch nicht genau, wie er es umsetzen wird. Wer sind die richtigen Schauspieler? Das richtige Set? Die richtigen Kostüme? Wer gehört zum Filmteam? Das Drehbuch sagt nur, was passieren soll. Wie er es umsetzt, ist dem Regisseur überlassen. Also stellt er sich genau vor, was er will und geht dann mit offenen Augen durch die Welt. Plötzlich läuft ihm vielleicht jemand über den Weg, der perfekt für eine bestimmte Rolle wäre. Vielleicht läuft er an einem Ort vorbei, der perfekt für eine bestimmte Szene wäre, vielleicht sieht er zufällig das Schaufenster eines Schneiders, der die perfekten Kostüme machen kann. Diese Chancen kann der

Regisseur jedoch nur wahrnehmen, wenn er eine klare Vorstellung davon hat, was er sucht. Vielleicht verirrt er sich auf dem Weg auch mal und kauft das falsche Kostüm, stellt fest, dass einer der Darsteller doch nicht passt oder er wählt den falschen Ort für eine Szene. Dann schaut er einfach wieder ins Drehbuch, führt sich die Szene vor Augen und korrigiert seinen Weg.

Diese Art der Vorgehensweise ist das Machtvollste, was du für dich und dein Leben nutzen kannst. Alles Menschengeschaffene auf dieser Welt hat sich jemand vorgestellt, bevor es gemacht wurde. Und alles Große, was je erschaffen wurde, hat sich jemand vorher aufgeschrieben. Sei es die Architektin, die ein geniales Gebäude entworfen hat, der Physiker, der eine bahnbrechende Erkenntnis hatte oder eben der Drehbuchautor, der die Grundlage für einen begeisternden Film geschrieben hat. Alle hatten sie eine Vision, haben diese aufgeschrieben und dann umgesetzt. Das gilt für jeden. Ohne Ausnahme. Ich habe mir vorgestellt, wie ich Yo-Yo-Meisterschaften gewinne, bevor ich jemals vor Publikum aufgetreten bin. Ich habe mir eine Million YouTube-Follower vorgestellt, als ich noch null hatte. Ich habe mir dieses Buch vorgestellt, lange bevor es geschrieben war. Michael Phelps, der erfolgreichste Olympionike aller Zeiten, berichtet, dass er sich seit seiner Jugend täglich vor dem Einschlafen und vor dem Aufstehen den perfekten Wettkampf vorgestellt hat. Dann hat er 23 Goldmedaillen bei Olympia und zahlreiche Weltrekorde geholt. Ähnliches berichteten Michael Jordan, Kobe Bryant und Cristiano Ronaldo über das Thema Visualisierung. Auch Warren Buffett hat sich seinen Reichtum vorgestellt, bevor er ihn erreicht hat, The Rock wollte Hollywoodsuperstar werden, lange bevor er seinen Durchbruch hatte und Oprah hatte ihren Traum von der Fernsehikone in ihrem Kopf verankert, schon bevor sie das erste Mal im Regionalfernsehen aufgetreten ist. Jeder erfolgreiche Mensch hat den Erfolg visualisiert, bevor dieser eintreten konnte.

Vielleicht willst du kein spektakuläres Leben führen wie die genannten Beispiele – darum geht es auch nicht.

Es geht darum, dass du dein Leben lebst.
Das Leben deiner Träume.
Dass du deine Erfüllung findest.
Dein Leben voller Leichtigkeit und Freude.

Und genau deshalb ist es wichtig, dass du dein Drehbuch schreibst, dass du die Regie in die Hand nimmst und die Hauptrolle deines Lebens spielst. Denn wer soll all dies tun, wenn nicht du?

Um dir dies zu erleichtern, habe ich dir einen Fragebogen als PDF erstellt, der dir hilft, dir selbst die richtigen Fragen zu stellen und dein Drehbuch, deine Vision aufzuschreiben. Zusätzlich schenke ich dir den kostenlosen Zugang in meine Telegram-Coaching-Gruppe, in der ich dir dabei helfe, in deine Potenzialentfaltung zu gehen. In deren Rahmen bekommst du von mir täglich eine kurze einminütige Sprachnachricht mit einer Frage oder einem Impuls, der dir dabei hilft, dein Leben so zu gestalten, wie du es wirklich möchtest. Scanne dafür einfach folgenden QR Code mit der Kamera deines Smartphones:

Zum Abschluss möchte ich dir einen besonderen Moment in meinem Leben mitgeben, der mich geprägt und mir gezeigt hat, worauf es im Leben wirklich ankommt.

Eines Tages hörte ich den Podcast von Jan Böhmermann und Olli Schulz. Der Podcast trägt den faszinierenden Namen »Fest und Flauschig«. Seit Jahren darf ich alle Höhen und Tiefen durch die Augen der beiden in Form ihrer Geschichten gespannt miterleben. So habe ich plötzlich aus einem Impuls heraus das Bedürfnis verspürt, den beiden eine E-Mail zu schreiben. Es ging um ein Thema, das sie in der vorherigen Episode angesprochen hatten. Ich baute in die E-Mail einen pubertären Witz ein, da ich mir vor meinem inneren Auge vorstellte, dass die beiden sich beim Lesen kaputtlachen und amüsieren würden. Dieser Gedanke allein hat sich so gut angefühlt, dass ich auf Senden gedrückt habe, obwohl es eigentlich albern war. Es verging ein Tag und ich hatte komplett vergessen, dass ich den beiden eine E-Mail gesandt hatte. Plötzlich sah ich, dass mein Handy vor Nachrichten explodierte. Freunde schrieben mir: »Bist du das in dem Podcast?« Ich war gerade erst aufgewacht und war noch etwas neben der Spur, also dachte ich mir nichts weiter. Ich startete meine Morgenroutine mit Sport und dem Podcast von Jan und Olli. Olli sprach in dem Moment von der Vinyl-Szene und Jan warf ein paar witzige Kommentare ein. Und plötzlich bei Minute 11:49 hörte ich meinen Namen! Mitten am Liegestützen machen, schreckte ich kurz zusammen. Ich erinnerte mich plötzlich wieder an die E-Mail und die Nachrichten meiner Freunde. Gespannt setzte ich mich auf den Boden, um aufmerksam zuzuhören. Er las meine E-Mail vor und kam letzten Endes an der Stelle an, wo ich den pubertären Witz eingebaut hatte. Liest er das auch noch vor, oder wird er den Teil einfach überspringen, fragte ich mich. Er las es vor und die beiden fingen an hysterisch zu lachen. Ich lachte mit und war einfach nur glücklich. Es war ein Moment, in dem alle Beteiligten in Verbundenheit Freude verspürten und gemeinsam den Moment genossen. In der E-Mail erwähnte ich nicht, dass ich eine Million Abonnentinnen und Abonnenten auf YouTube habe oder zweifacher deutscher Meister bin. Sie wissen das bis heute nicht.

Ich wollte einfach nur ich sein.

Ich wollte einfach nur der kleine Fan sein, der die beiden super findet und mit ihnen einen coolen Moment teilt. Nicht mehr. Und nicht weniger. So saß ich da als jemand, der mit größten Ambitionen immer höher hinaus wollte, weil er dachte, dahinter finde er endlich Sicherheit, Liebe und inneren Frieden. All die Dinge, nach denen er sich schon immer insgeheim gesehnt hatte. Nur um all diese Dinge in so einer unscheinbaren Situation wiederzufinden.

Und genau das wünsche ich dir für dein Leben:

Sei einfach du.
Lebe das Leben, das du dir wünschst.
Sei grenzenlos!

Anhang

Weiterführende Literaturempfehlungen
und Quellenverzeichnis

Bossmann, Ulrike (2021): Wenn Stress krank macht – 5 wissenschaftliche Befunde zu den Folgen von Stress, die dir die Augen öffnen. https://soulsweet.de/folgen-von-stress

Brown, Brené (2012): Verletzlichkeit macht stark. Wie wir unsere Schutzmechanismen aufgeben und innerlich reich werden. Kailash

Buxmann, Peter, Krasnova Hanna (2013): Studie »Envy on Facebook: A Hidden Threat to Users' Life Satisfaction.« Humboldt Universität. https://www.hu-berlin.de/de/pr/nachrichten/archiv/nr1301/pm_130121_00 – abgerufen 16.12.2021

Coelho, Paulo (1988): Der Alchimist. Diogenes

Duhigg, Charles (2013): Die Macht der Gewohnheit: Warum wir tun, was wir tun. Piper Taschenbuch

Fromm, Erich (1956): The Art of Loving. Englische Originalausgabe, Erstauflage 1956. Dt. Übersetzung (1998). dtv

Gardner, Benjamin, Lally, Phillippa, Wardle, Jane (2012): Making health habitual: the psychology of habit-formation and general practice. British Journal of General Practice. Dec; 62(605): 664–666. doi: 10.3399/bjgp12X659466. https://www.ncbi.nlm.nih.gov/pmc/articles/PMC3505409/ – abgerufen 16.12.2021

Hesse, Hermann (1922): Siddhartha. Eine indische Dichtung. Fischer

Höper, Florian (2016): Erfolg haben – Deine Ziele erreichen, glücklich sein und glücklich leben. Independently published

Jeffers, Susan (2002): Embracing Uncertainty. Hodder Paperbacks

Kirig, Anja (2021): Die große Korrektur: Abschied von den unsozialen Medien. Analyse in Zukunftsreport 2021. https://www.zukunftsinstitut.de/artikel/zukunftsreport/die-grosse-korrektur-ende-der-unsozialen-medien/ – abgerufen 16.12.2021

Kiyosaki, Robert T.T. (2014): Rich Dad Poor Dad: Was die Reichen ihren Kindern über Geld beibringen. FinanzBuch Verlag

Schwab, Frank Jürgen (2021): Das Geld von morgen – leichter als Papier, schneller als PayPal, günstiger als Visa, seltener als Gold und so sicher wie Fort Knox. Independently published

Spira, Rupert (2017): The Nature of Consciousness. Essays on the Unity of Mind and Matter. New Harbinger

Strelecky, John (2007): Das Café am Rande der Welt: eine Erzählung über den Sinn des Lebens. dtv

Tolle, Eckhart (1997): Jetzt! – Die Kraft der Gegenwart. Kamphausen

Ware, Bronnie (2015): 5 Dinge, die Sterbende am meisten bereuen: Einsichten, die Ihr Leben verändern werden. Goldmann